火灾现场消防员定位技术研究

李智慧　编著

中国石化出版社

内 容 提 要

《火灾现场消防员定位技术研究》主要介绍近年来国内外学者在火灾现场消防员定位技术方面的研究，重点介绍国内学者在消防员定位方面所做的尝试。全书共分绪论、室内外定位技术、基于信号的消防员定位系统、基于惯性技术的消防员定位技术、激光测距扫描仪和惯导融合定位方法、消防员室内定位系统设计、定位与建图功能及环境适应能力测试、北斗系统在消防应急救援中的应用探讨八章。

本书适合从事消防员定位技术及装备研究方面的读者阅读参考。

图书在版编目（CIP）数据

火灾现场消防员定位技术研究／李智慧编著.
—北京：中国石化出版社，2019.12
ISBN 978 - 7 - 5114 - 5597 - 0

Ⅰ.①火…　Ⅱ.①李…　Ⅲ.①无线电定位 -
消防设备 - 研究　Ⅳ.①TU998.13 ②TN95

中国版本图书馆 CIP 数据核字（2019）第 248854 号

中国石化出版社出版发行

地址:北京市东城区安定门外大街 58 号
邮编:100011　电话:(010)57512500
发行部电话:(010)57512575
http://www. sinopec-press. com
E-mail:press@ sinopec. com
北京艾普海德印刷有限公司印刷
全国各地新华书店经销

*

710×1000 毫米 16 开本 10.25 印张 196 千字
2019 年 12 月第 1 版　2019 年 12 月第 1 次印刷
定价:58.00 元

前　言

在灭火救援过程中，消防员发生伤亡的主要原因是遭遇到爆炸、坍塌、中毒、窒息、坠落、交通事故、触电等情况。其中，约7%的消防员伤亡发生在建筑火灾现场扑救中。在建筑火灾扑救过程中，最常见、最有效的方法是采取内攻侦查、救人与灭火的战术。现代建筑多为大框架、大空间结构，且内部布局复杂。在建筑物发生火灾时，通常内部有高温、缺氧的特点之外，还弥漫着烟雾，能见度低。当建筑物火灾发展到一定程度时，还会发生爆燃、坍塌等危险情况。如果消防员对建筑物内部环境无法完全掌握，在诸多不利因素的影响下，很容易发生迷路、被困等危险情况。在消防员进入着火建筑物内部时，假如能够对其位置信息进行实时监控，当消防员遇险需要救援时，搜救力量就可以根据监控所显示的位置信息，直接对遇险消防员进行定位搜救，可以大幅度缩短救援时间、减轻消防员及搜救人员心理压力，有效降低消防员伤亡的发生率。

目前，定位技术主要有GPS定位技术、红外线定位技术、蓝牙定位技术、Wi-Fi技术、超声波定位技术、Zigbee定位技术、超宽带定位技术、无线射频定位技术、惯性导航定位技术等。GPS是目前应用最为广泛的定位技术。但是，当GPS接收机在室内工作时，由于信号受建筑物的影响而大大衰减，定位精度也很低，要想达到同室外一样直接从卫星广播中提取导航数据和时间信息是不可能的。基于信号的系统在室内由于无线信号受多径的干扰以及建筑物内电磁干扰等，使得信号延迟而导致无法按照传统的传输模型进行运算，定位精度会下降。为了提高精度，人们尝试了超宽带信号或者运用复杂的统计算法来抑制误差。然而，在实际的应用中，基于信号的系统有可能会因为信号的延迟或者衰减导致无法正常提供导航服务。由于各个技术都存在各自的优缺点，所以在运用时应根据灾害现场的特点和需求进行选择。鉴于火灾现场的不确定性和复杂多变性，在建筑火灾中基于航位推算的系统无疑具有优势，惯导系统不会受断电或者建筑物等信号干扰的影响，但是惯导系统唯一的不足是随着时间的累积系统的定位误差也会累积，尤其是在建筑物内改变方向后，方向上的误差变得突出。很多系统采用磁罗盘来纠正方向，但是在建筑物内往往有大量的金属设备对磁罗盘也会产生干扰。尽管陀螺仪不受电磁干扰，但是陀螺仪只能测出方向上的相对变化，而且误差也会随时间累积。因此，综合各种传感器来相互校正各自的误差不失为有效的方法。本书力求实现创新性、简明性和可读性的统一，深入浅出地向读者介绍当前火灾现场消防员定位技术及其关键问题，抛砖引玉，希望有更多的研究者来不断完善这项技术，解决消防员定位的实际问题，不断提升消防应急救援能力和水平。

本书的主要内容如下：

第 1 章简要介绍了火灾现场消防定位技术研究的背景。从实际出发，调研消防应急救援队伍对室内定位的现实需求、部门政策文件对消防员定位装备建设的要求和国内外消防员室内定位装备研究建设成果现状。

第 2 章详细讲述了现有的室内外定位技术的基本原理。按照定位原理的不同对定位技术进行分类。重点讲述了基于惯性和移动传感器的定位技术及基于连通性或临近关系的定位技术。

第 3 章讲述了基于信号的消防员定位系统。包括信号在火场环境里的实验结果及分析等内容。重点介绍了几种著名的基于信号的消防员定位系统，如 LIAISON、SmokeNet 等。

第 4 章讲述了基于惯性技术的消防员定位技术。包括基于惯性传感器定位技术的原理、特点及各类惯性传感器在火场中的适用性分析。重点讲述了惯性测量单元的算法设计和定位精度分析。

第 5 章讲述了激光扫描测距仪和惯性导航进行融合定位方法。首先对滤波技术的发展和多源数据信息融合技术进行了研究，然后对基于卡尔曼滤波的激光扫描测距仪和惯性导航融合定位系统进行了构建，最后对定位算法精度进行仿真实验。

第6章讲述了消防员室内定位系统设计。包括消防员室内定位的系统结构、定位终端、通信系统和现场指挥控制平台等内容。

第7章讲述了定位与建图功能及火场环境适应能力测试。首先进行的是定位系统在火灾现场环境适应能力测试，测试在烟雾环境下进行；然后是系统定位功能测试，分别在单个房间、多个房间、多层房间进行测试并对测试结果进行分析。

第8章简单介绍了北斗定位系统在应急救援中的应用。

本书在编写过程中，四川省资阳市消防救援支队薛勇同志和江苏省苏州市消防救援支队李牧同志提供了重要技术资料。同时本书还得到了中国人民警察大学袁狄平、袁沛、靳学胜、张梅、张云明、陈蕾、姜建华等老师以及研究生部王晖晖同学和周广琦同学的协助，在此表示感谢。

综上，编写本书的目的在于为致力于研究火灾现场消防员定位技术的读者提供参考、启发思考，相信通过本书的阅读，读者会较为深入地了解消防员定位技术及各种重要算法。

由于作者水平和时间所限，书中不足之处在所难免，敬请读者批评指正。

作　者

目　　录

第1章　绪　论 …………………………………………………… （ 1 ）

　1.1　研究背景 ……………………………………………………… （ 1 ）

　1.2　国内外消防员定位装备研究现状 …………………………… （ 3 ）

　1.3　火灾现场消防员定位需求分析 ……………………………… （ 11 ）

　参考文献 …………………………………………………………… （ 12 ）

第2章　室内外定位技术 ………………………………………… （ 15 ）

　2.1　基于测量角度的定位技术 …………………………………… （ 15 ）

　2.2　基于测量距离的定位技术 …………………………………… （ 16 ）

　2.3　基于位置指纹的定位技术 …………………………………… （ 18 ）

　2.4　基于惯性和移动传感器的定位技术 ………………………… （ 19 ）

　2.5　基于连通性或临近关系的定位技术 ………………………… （ 27 ）

　2.6　本章小结 ……………………………………………………… （ 33 ）

　参考文献 …………………………………………………………… （ 33 ）

第3章　基于信号的消防员定位系统 ………………………… （ 39 ）

　3.1　火灾实验 ……………………………………………………… （ 39 ）

　3.2　LIAISON ……………………………………………………… （ 46 ）

　3.3　SmokeNet ……………………………………………………… （ 52 ）

　3.4　超宽带定位系统 ……………………………………………… （ 57 ）

　3.5　本章小结 ……………………………………………………… （ 59 ）

　参考文献 …………………………………………………………… （ 59 ）

第4章　基于惯性技术消防员定位技术 ………………………………（64）

　4.1　基于惯性传感器定位技术的基本原理 …………………………（64）

　4.2　基于惯性传感器定位技术的特点 ………………………………（65）

　4.3　各类惯性传感器在火场中的适用性分析 ………………………（66）

　4.4　惯性测量单元的算法设计 ………………………………………（67）

　4.5　定位精度分析 ……………………………………………………（70）

　4.6　无线通信模块设计 ………………………………………………（81）

　4.7　终端监控平台设计与实现 ………………………………………（84）

　4.8　本章小结 …………………………………………………………（87）

　参考文献 ………………………………………………………………（87）

第5章　激光扫描测距仪和惯导融合定位方法 ………………………（91）

　5.1　融合定位系统框架 ………………………………………………（91）

　5.2　基于激光扫描测距仪的 SLAM 算法 ……………………………（92）

　5.3　航迹推算 …………………………………………………………（94）

　5.4　融合定位卡尔曼滤波器设计 ……………………………………（95）

　5.5　离线仿真定位精度对比 …………………………………………（97）

　5.6　本章小结 …………………………………………………………（100）

　参考文献 ………………………………………………………………（100）

第6章　消防员室内定位系统设计 ……………………………………（104）

　6.1　室内定位系统架构 ………………………………………………（104）

　6.2　定位终端 …………………………………………………………（104）

　6.3　通信系统 …………………………………………………………（106）

　6.4　现场指挥控制平台 ………………………………………………（109）

　6.5　本章小结 …………………………………………………………（115）

　参考文献 ………………………………………………………………（115）

第7章　定位与建图功能及环境适应能力测试 ………………………（119）

　7.1　系统定位与建图功能测试 ………………………………………（119）

7.2 烟雾环境对定位终端性能影响测试 ·············· （125）

7.3 本章小结 ································· （131）

参考文献 ···································· （133）

第8章 北斗系统在消防应急救援中的应用 ··········· （137）

8.1 北斗卫星导航系统概述 ················· （137）

8.2 北斗系统在应急救援领域应用 ············ （140）

8.3 北斗定位部分代码配置流程 ·············· （149）

参考文献 ···································· （154）

第1章 绪 论

1.1 研究背景

火灾是燃烧在时空上失去控制之后发生的灾害现象，它是人类文明发展的产物。近些年来，日益复杂的建筑结构给消防员的内部侦察、灭火和搜救工作带来了极大的挑战。2008年，在新疆德汇广场"1.2"火灾中，由于建筑庞大和内部结构复杂，三名指战员在搜救过程中被困其中最终牺牲；2009年，在北京央视大楼"2.9"火灾中，一名指战员在室内搜救中牺牲；2012年，在苏州市工业园区达运精密有限公司"2.1"火灾中，一名战斗班长在搜寻被困人员过程中，因无法及时找到返回路线最终牺牲；2013年，在杭州友成机工有限公司"1.1"火灾中，三名指战员在搜救被困战友过程中因无法找到撤离路线牺牲；同年，北京石景山区喜隆多商场"10.11"火灾的两名指挥员因屋顶坍塌被困建筑内牺牲，见图1.1；2014年，在上海宝山环震包装制品有限公司

图1.1 2013年10月11日北京石景山区苹果园南路的喜隆多商场火灾

"2.4"火灾中,两名消防员因厂房坍塌被困牺牲,详见表1.1。这些灾害事故中的指挥员若能实时掌握被困消防员位置信息,就能在其遇到危险时及时根据位置信息进行撤退或搜救的引导,减少室内作业消防员伤亡案例的发生。

表1.1　火灾现场消防员牺牲案例

案　例	消防员死亡人数	原因分析
2008 年新疆德汇广场"1.2"火灾	3	庞大、复杂内部结构造成三名指战员被困其中最终牺牲
2009 年北京央视大楼"2.9"火灾	1	在内攻中被困牺牲
2012 年苏州"2.1"达运精密有限公司火灾	1	无法找到撤离路线牺牲
2013 年杭州萧山区友成机工有限公司"1.1"火灾	3	因无法找到撤离路线最终牺牲
2013 年北京市石景山区喜隆多商场"10.11"火灾	2	屋顶坍塌造成两人被困牺牲
2014 年上海宝山环震包装制品有限公司"2.4"火灾	2	因厂房坍塌被困牺牲

据历年火灾统计,在消防救援队伍处置灭火任务中,建筑火灾占火灾总数的90%以上,而在处置建筑火灾的,战斗员又经常需要深入建筑内实施侦察、搜救和灭火等任务,始终受到各种危险的威胁。根据美国消防管理局(U. S. Fire Administration)公布的消防员伤亡报告中的相关数据,每年都有相当部分的消防员由于迷失方向、物体倒塌等原因被困建筑内死亡。表1.2 为2003 至 2012 年美国因被困建筑内死亡的消防员人数统计结果。因此,为保证搜救人员能够在室内作业消防员遇到危险时及时根据位置信息进行快速搜救,或是后方指挥员能够在室内作业消防员迷失方向时及时根据位置信息进行方向引导,有必要对室内作业消防员进行实时定位。

表1.2　2003~2012 年美国消防员因被困建筑内死亡人数统计表

年份	2003	2004	2005	2006	2007	2008	2009	2010	2011	2012
被困建筑内死亡人数	11	14	9	24	25	13	7	9	14	5
死亡总人数	111	117	115	106	118	118	90	87	83	81
比例	9.9%	12.0%	7.8%	22.6%	21.2%	11.0%	7.8%	10.3%	16.9%	6.2%

在灭火救援过程中，消防员通常借助呼救器、方位灯、导向绳、水带铺设线来确定方位。《城市消防站建设标准》（建标 152—2017）消防员基本防护装备配备标准将消防员呼救器、方位灯明确列为必须配备装备，要求配备数量为每人一个，并且备份数量分别为 4∶1 和 5∶1，配备具有方位灯功能的呼救器的可以不单独配备方位灯。由于现代建筑空间大，火灾现场环境复杂且声音、灯光传播距离有限，传统的声光报警呼救类型的定位方法具有很大局限性。

新型消防员室内定位装备近些年得到了很大发展，但是现有的消防员室内定位技术装备并不成熟，在精度、火场环境适应、通信和定位轨迹与地图匹配等方面或多或少存在不足，不能较好地解决消防员室内定位问题，所以在定位装备配备和使用上只给出了建议性指导意见。城市消防站建设标准中消防员特种防护装备配备标准明确将实现实时标定和传输消防员在灾害现场的位置和运动轨迹的消防员单兵定位装置列为消防站建设选配装备，并规定每套消防员定位设备至少包括一个主机和多个定位终端。公安部消防局在灭火救援安全工作中对防护装备提出了更高的要求，要求各地根据装备建设和灾害类型实际情况选配消防员室内定位装备。

国务院办公厅《关于加快应急产业发展的意见》（国办发〔2015〕63 号）和工业和信息化部、国家发展和改革委员会于 2015 年 6 月 25 日联合发布的《应急产业重点产品和服务指导目录（2015）》将应急救援人员防护产品目录中的灾害事故现场定位、图侦、通信、呼吸、生命体征等数字化消防单兵装备作为重点产品研发方向，其中灾害事故现场定位产品研究主要包括了大型地质灾害区域定位和普通建筑火灾人员定位。

消防员室内定位问题一直是灭火救援技术装备建设的重点、难点问题。消防员室内定位系统的研究对于灭火救援装备现代化有一定的推进作用，可靠的消防员室内定位系统可以为消防员的生命安全提供保障。

1.2　国内外消防员定位装备研究现状

消防员的室内定位一直是困扰灭火救援工作的重大问题。目前，虽有较多的室内定位解决方案，但由于消防员作业环境的复杂特殊性，可用于消防员室内定位的方案并不多。

在消防员室内定位中，较为原始的方案是利用无线电测向进行定位。该方案利用无线电波在空气介质中沿直线传播的特性，根据接收到的电波强度判断信号源大致方向，然后通过不断增强的信号强度接近信号源，实现粗略定位。美国Exit Technologies 公司基于无线电测向技术开发了消防员搜救装置 Tracker FRT，如图1.2 所示。该装置可在消防员遇险时发出信号，由搜救人员利用另一台设备接收信号，通过观察信号强弱接近遇险人员，实现快速搜救，但是该装置没有方位指示功能，只能根据信号强度判断。此外，公安部上海消防研究所也利用该技术开发了一套具有声光报警、方向和距离指示功能的搜救装置，见图1.3。当携有搜救器的消防员遇到危险时，搜救器将会发出声光报警和呼救信号，此时搜救人员可根据方向和距离指示信息不断接近遇险人员，减少搜救时间，所以比Tracker FRT 更能满足复杂灾害现场的搜索需求。

图1.2　Tracker FRT 搜救装置

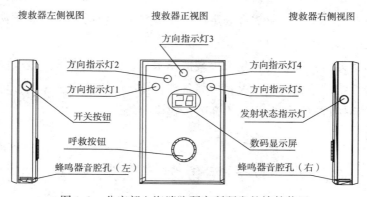

图1.3　公安部上海消防研究所研发的搜救装置

目前，我国消防应急救援队伍普遍配备的用于确定消防员位置的装备是呼救器和方位灯。常用的 RHJ619、SHBA08 – RHJ200 等型号消防员呼救器都兼有呼救器和方位灯两大功能，实现了一机两用，并且同时有自动报警和手动报警两种报警模式。但这类装备具有很大的局限性：在嘈杂的火场环境里面，声光报警并不能很好地传递信息。

随着定位技术不断发展，传统的粗略定位方式已经无法满足消防员室内定位需求，精确定位成为研究重点。基于射频信号的定位方案（如 RFID、ZigBee、UWB 等）最先得到运用。北京某通信技术发展有限公司基于 RFID 技术开发了消防员遇险定位安全救援指挥系统。该系统包括硬件和软件两部分，硬件由系统基站台、控制操作台、高增益天线、宽波束天线、单兵终端、信标读写器、信标、压力传感器、温度传感器、位置传感器等设备组成；软件分为基站系统软件、控制操作系统软件、单兵终端系统软件、信标读写软件，可实现通信指挥、定位救援以及环境温度、空气呼吸器压力等信息采集功能，如图 1.4 所示。此外，芝加哥消防署曾运用 ZigBee 定位技术对灭火救援现场的消防员进行定位，并利用 ZigBee 网络将信息传输到现场指挥部电脑，电脑则将位置信息标注在 AutoCAD 图纸上。基于射频信号的定位方案都需要一定的基础设施，如基站、无线网络、信号发射塔、中继器等。一般情况下，这类定位技术效果好，并能够提供实时的绝对位置和方向，但是这些技术只能运用在基础设施覆盖的环境，无法用在陌生、复杂的环境中。此外，基础设施的安装是耗时和昂贵的，在应急响应的情况下可行性不高，甚至有的还需要一定的辐射源，如红外光、超声波等，耗电量大，这些都无法满足灾害现场实际需要。

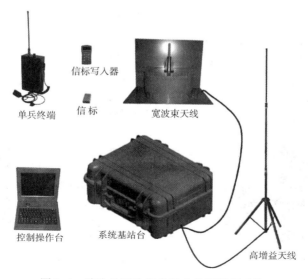

图 1.4 消防员遇险定位安全救援指挥系统

随着高度复杂环境下的定位需求越来越高，基于自包含传感器的定位技术也逐渐成为研究热点。该定位技术虽没有基于射频信号定位技术的精度高，但其不

图1.5　密歇根大学研发的人员定位系统

需要借助基础设施，可完全独立于外界环境进行定位。在基于自包含传感器定位的运用方面，密歇根大学已经开始将其用于人员定位的研究，通过利用6自由度的惯性测量单元（IMU）设计了人员定位系统，如图1.5所示。系统根据固定在脚上的IMU测得的加速度和角速度实时计算人员相对位置。密歇根大学还联合圣地亚哥消防署对其在消防员定位中的适用性进行测试，如图1.6所示。其中在各种行走、慢跑、爬行等动作中具有

较好的精度，但在爬楼、快速跑等测试中效果较差。此外，Honeywell公司基于计步器原理开发了航位推算模块（DRM），该模块利用加速度传感器识别步幅，通过假设步长是恒定来计算线性位移，方向则由数字罗盘测定，并结合步数估算平面位置。该系统性能的发挥依赖于步长的确定，当用户总是用相同的步幅行走时，这个系统是相当准确的，但是固定步长的条件不可能在任何时候都能满足，如消防员在灭火救援行动中可能不断改变步态，也可能会以跑或跳的方式翻越障碍，还有可能根据携带装备重量改变他们的步幅。

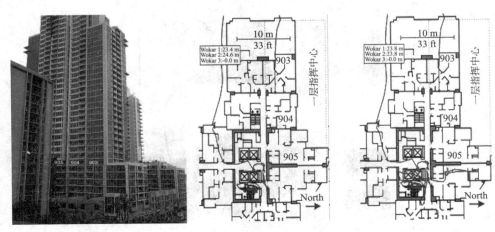

图1.6　密歇根大学联合圣地亚哥消防署针对定位系统的测试

Burcu Cinaz 和 Holger Kenn 等利用 SLAM 技术研究的 HeadSLAM 定位设备利

用激光扫描测距仪结合惯性导航与放置在头盔上的可以产生地图的二维激光扫描装置，如图1.7所示。激光扫描装置可以扫描像墙壁等障碍物的方向和距离，并生成一个平面图，显示走廊、房间和门。Head-SLAM来源于机器人自主导航定位，但是使用估计的速度，定位精度受到影响，这也算SLAM技术第一次应用于人员定位的尝试研究。

图1.7 HeadSLAM

为了解决地铁和地下建筑的灾害事故救援消防员的安全问题，日本消防厅开发了消防员"地下定位系统"同时具备定位和信息显示功能，能够在屏幕上显示地下建筑物的消防员位置，还能采集消防员的心跳、脉搏和现场氧气浓度数据。

在国内的基于自包含传感器的定位研究中，公安部沈阳消防研究所开发了"消防员室内三维定位系统"。该系统由单兵设备、通信系统和系统监控软件组成，如图1.8所示。其中单兵设备是利用惯性传感器设计而成的定位终端；通信系统由数传电台、UDP通信及适合定位信息传输特点的自定义通信协议组成；系统监控软件运用地理信息系统锁定目标建筑，能够快速建立该建筑二维和三维定位模型。该系统克服了人体运动抖动对方向测量的干扰，建立了消防员的定位步态识别方法，基于零速矫正和落脚点判断技术修正了惯性传感器的漂移误差，提高了定位精度，实现灭火救援现场消防员三维定位信息直观显示和实时跟踪。

图1.8 消防员室内三维定位系统

公安部上海消防研究所开发的"消防员三维定位装置"主要由通信模块、通信中继、信息处理模块等部分组成，如图1.9所示。该系统以地磁模型为基础，结合惯性导航和无线组网技术研制而成，具有静止、行走、跑步、上下楼梯、躺卧、坠落等多种运动姿态识别、三维轨迹实时监控、后期运动轨迹回放、电源电量显示和设备异常报警等功能，其垂直精度优于1.5m，水平精度控制在运动总路径的3%内，连续工作时间超过3h，同时支持4路以上的多路处理功能，延时时间在4s以内，定位模块体积为10cm×8cm×3cm，定位模块质量135g。该系统的独有特点是：定位与通信模块一体化设计，减少消防携带装备重量；基于脊柱运动多导的13种姿态识别技术，满足消防员复杂运动姿态；现场建筑CAD结构图生成技术实时生成建筑模型。其性能参数见表1.3。

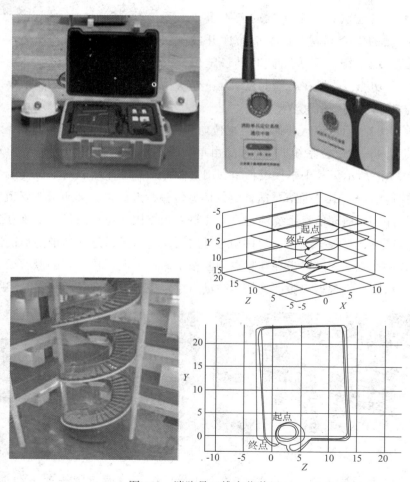

图1.9 消防员三维定位装置

表1.3 上海消防研究所开发的消防三维定位装置性能参数

项 目	参 数	项 目	参 数
水平精度	≤运动总路径的3%	延时时间	<4s
垂直精度	≤1.5m	空旷地带通信距离	>3000m
连续工作时间	≥3h	体积	≤10cm
多路处理能力	≥4 路	质量	135g

常州某科技公司开发了基于惯性导航技术的"消防员单兵定位装置",如图1.10（a）所示。系统支持前向、后退、侧向行走和跑跳方式进入火场,定位精度为总路程的5%,持续工作时间超过3h,同时支持12个消防员运动轨迹显示,具备手动报警、倒地报警、静止报警、发送撤退命令等功能。系统分为消防员定位器、消防员数据终端、后场数据终端和主机四个部分,工作原理如图1.10（b）所示。

图1.10（a） 消防员单兵定位装置图

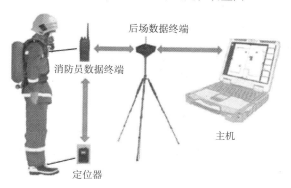

图1.10（b） 消防员单兵定位装置工作原理示意图

北京某科技有限公司的"消防三维定位指挥系统"（FCSTP）包括无线微型定位装置、无线接收终端、人员定位信息三维展示平台,如图1.11所示。在较短距离内，该系统水平精度优于 3m，垂直精度优于 0.5m，连续工作时间超过 3h，超过 4 路的多路处理能力，延时时间低于 4s，空旷地带通信距离超过 3km，工作温度范围为 –10°~75°，定位模块体积 6.5cm×15cm×2.6cm，定位模块质量 155g。

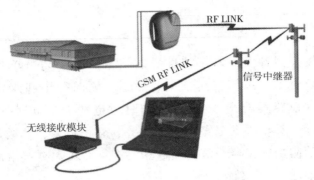

图 1.11　消防三维定位指挥系统

北京某消防科技有限公司开发的 DW-Ⅱ型消防员三维定位指挥系统同时具备三维定位、音频和视频、心跳率同步传输显示功能，无需安装基站和信标，连续工作时间超过 8h，无线中继传输距离大于 3km，直线往返偏离精度优于 1m，系统延迟时间小于 2s。

跟踪定位计算机软件

跟踪定位三维成像系统

跟踪定位三维发射系统

跟踪定位三维接收系统

图 1.12　美国 SEER 公司三维
立体定位跟踪系统

美国 SEER 公司研制的 3D 立体定位跟踪系统是专门为那些出入没有 GPS 区域人员而研发的产品，如图 1.12 所示。该产品采用最新的推算定位技术，将 GPS 与惯性导航两种系统结合在一起，利用 GSP 信号对惯性导航进行误差修正。该产品无论是在室内还是户外，人员携带该定位系统都能在几秒之内产生高准确地理位置的数据。但是该系统在没有 GPS 信号的情况下无法对惯性导航的误差进行修正，惯性导航漂移随距离增大，不适合长时间在没有 GPS 信号的地方应用。

以上介绍的这些消防员室内定位系统采用的设计思路不尽相同，主要突出研究了位置信息、三维地图、通信传输、消防员实时生理数据等方面实时监控功能，各有优缺点。所以在运用时应根据灾害现场的特点和需求进行选择。

1.3 火灾现场消防员定位需求分析

　　近二十多年来，定位和导航技术从无人知晓到人们争相购买相关产品，可见它们在日常生活中发挥着越来越重要的作用，在应急救援现场更是至关重要。应急救援现场常常比较危险，救援队伍需要迅速行动将受困人员解救至安全区域并及时撤离。救援现场指挥官更加需要随时掌握救援队伍的动向。在消防应急救援队伍处置的各种类型的火灾中，建筑火灾发生率最高，消防员在执勤战斗中的伤亡现象也多发生于此类火灾。在处置建筑火灾中，消防员通常需要执行进入建筑内执行火场侦察、搜救被困人员、控制火势蔓延等任务。在进入建筑后，他们将面对复杂、未知的环境，其周围环境将会随着时间不断变化。当火场烟气过大时，能见度几乎为零，此时若建筑结构复杂，消防员容易迷失方向。此外，进入建筑内部的消防员受到很多不确定的安全隐患威胁，例如可能随时发生坍塌的建筑构件、可能发生爆炸的预混气体和压力容器等，这些都将对消防员的生命安全构成威胁，造成消防员伤亡。因此，在消防员进行室内作业时，需要对其进行实时定位，这样可以在其迷失方向时及时根据位置信息对其进行引导，或是在其遇险时及时根据位置信息进行营救。

　　2008 年，美国国家标准和技术委员会（NIST）进行了一项研究，该研究对实施紧急任务情况下的通信和定位需求进行了调查。进入事故现场的首批应急救援人员，调查中称他们强烈要求室内定位系统能够满足如下条件：

（1）定位精度在 1m 左右；

（2）能够在所有类型的建筑物中运行；

（3）设备的使用不需要进行专门培训；

（4）即使建筑物发生变化（例如部分倒塌），也应有较强的稳定性；

（5）设备价格合理；

（6）设备应和被困人员所携带的设备有所不同。

　　2004 年在伍斯特理工学院举行的研讨会上研究人员也曾给出类似的需求报告，在会上开发人员和用户还共同指定了用于应急部门的定位系统的建设标准。

　　考虑到火灾现场的特点，设备的移动性及移动节点的跟踪问题也不容忽视。在静止的传感器网络中，在部署好传感器节点之后一次定位是最基本的，但是在火场当中随着消防员的移动，消防员的位置需要不间断地更新计算以跟踪其行动路线并进行导航。这就意味着定位系统必须是动态的，如果系统的更新时间周期比较长或者要经过多步操作才能实现更新便不太适用。另外，还须假设火灾现场的移动节点非常少，节点之间的连通性也比较差的状况。那么，那些需要很多节点或者很多已知邻节点的定位技术在火灾现场消防员定位系统中也不适用。

由于移动设备是由消防员背在身上，所以也要考虑到设备的尺寸和质量。太大容易在火灾现场被障碍物刮掉，太重的话则影响消防员的行动速度，因为消防员已经背上沉重的氧气瓶以及其他救援设备，所以适用于火灾现场的设备越轻便越好。那么越轻便就意味着电池的容量有限，因此设备应考虑到与电池容量相匹配的计算能力。如果选择各个移动设备节点分别计算自己的位置的方法，将会带来移动节点的能耗过高的问题。相反，如果采取由某个中心节点集中来做耗能的计算然后将位置传送到分散节点，那么反过来又会带来节点之间能否进行高速通信的问题。当然除了以上两种途径，还有很多混合的方法来结合以上技术的优势弥补不足，使得节点不仅能耗低，而且能保持较低的通信负荷。

参考文献

［1］ Markus Klann. Tactical Navigation Support for Firefighters：The LifeNet Ad-Hoc Sensor-Network and Wearable System ［J］. Mobile Response，LNCS 5424，Springer，2009：41 – 56.

［2］ Carl Fischer，Hans Gellersen. Location and Navigation Support for Emergency Responders：A Survey ［J］. Pervasive computing，2010：38 – 40.

［3］ N. Moayeri. Grand challenges in mission-critical networking ［J］. IEEE Infocom Mission-Critical Networking Workshop，2008.

［4］ W. Koch. On optimal distributed Kalman filtering and reproduction at arbitrary communication rates for maneuvering targets ［J］. IEEE International Conference on Multisensor Fusion and Integration for Intelligent Systems，MFI 2008，2008：457 – 462.

［5］ M. Vossiek，L. Wiebking，P. Gulden，J. Weighardt，C. Hoffmann，P. Heide. Wireless local positioning ［J］. IEEE Microwave Magazine 2003，4：77 – 86.

［6］ Neil Parwari，Alfred O，etc. Relative Location Estimation in Wireless Sensor Networks ［J］. IEEE Trans. On Signal Processing. Special issue on Signal Processing in Networking. 2003. 51 (8)：2137 – 2148.

［7］ Pi-Chun Chen. A non-line-of-sight error mitigation algorithm ［J］. Proceedings of IEEE Wireless Communications and Networking Conference （WCNC）. New Orleans, LA, USA, IEEE Computer and Communications Societies. 1994（9）：316 – 321.

［8］ M P Wylie, J Holtzman. The non-line-of-sight problem in mobile location estimation ［J］. Proceedings of the International Conference on Universal Personal Communications. Cambridge, MA. IEEECommunications Society. 1996（9）：827 – 831.

［9］ Seapahn M, Sesa S, Vahag K, Miodrag P. Localized Algorithms in Wireless Ad-Hoc Networks：Location Discovery and Sensor Exposure ［J］. Proceedings of 2001 ACM International Symposium on Mobile Ad Hoc Networking&Computing. Long Beach, USA ACM Press. 2001（10）：106 – 116.

［10］ 李建华，黄郑华. 火灾扑救 ［M］. 北京：化学工业出版社，2012：88 – 96.

［11］ U. S. Fire Administration. Firefighter Fatalties in the United States in 2012 ［R］. New York，2013.

［12］ 建标 152 – 2011. 城市消防站建设标准 ［S］. 北京：中国计划出版社，2011.

［13］ Lauro Ojeda, Johann Borenstein. Non-GPS Navigation for Security Personnel and First Responders ［J］. Journal of Navigation，2007，60（3）：391 – 407.

［14］ Johann Borenstein, Lauro Ojeda. Final Report for CCAT Program 1401 For Personal Dead-Reckoning System ［EB/OL］. http：//www-personal. umich. edu/ ~ johannb/Papers/2010 – 09 – 30_U-Michigan_San_Diego_Report. pdf，2010 – 09 – 30/2013 – 09 – 29.

［15］ Honeywell. Dead Reckoning Module ［EB/OL］. http：//pointresearch. com/products. html # DRM，2013 – 9 – 25.

［16］ 公安部上海消防研究所. 2012 年试点应用科研成果 – 消防员三维定位装置 ［EB/OL］. http：//xfkj. 119. gov. cn/net/showInfo. do? code = cgsy&dto. id = f27b6005432e40dc014331 936afe00192013 – 12 – 31. ［EB/OL］. http：//xfkj. 119. gov. cn/net/showInfo. do? code = kjjl&dto. id = f27b60054262f2bc0142e0c97c2707e6，2013.

［17］ 北京龙旗瑞谱科技有限公司. 消防员单兵定位 ［EB/OL］. http：//www. longqir. com/ pd. jsp? id = 1&_pp = 3_13，2013.

［18］ DENG Zhongliang, YU Yanpei, YUAN Xie, et al. Situation and Development Tendency of Indoor Positioning ［J］. China Communications，2013，10（3）：42 – 55.

［19］ 中华人民共和国工业和信息化部. 应急产业重点产品和服务指导目录（2015）［EB/OL］. http：//www. miit. gov. cn/n11293472/n11293832/n11293907/n11368223/16655188. html? from = groupmessage&isappinstalled =0，2015 – 06 – 25.

［20］ Wahlström N, Kok M, Schön TB. Gustafsson F Modeling magnetic fields using Gaussian Processes ［J］. Proceedings of the 38th international conference on acoustics，speech，and signal processing，2013，3522 – 3526.

［21］ Solin A, Kok M, Wahlström N, Schön TB, Särkkä S. Modeling and interpolation of the ambient magnetic field by Gaussian process ［J］. IEEE Trans Robot，2018，34（4）：1112 – 1127.

［22］ Lee S-M, Jung J, Myung H. Mobile robot localization using multiple geomagneticfield sen-

sors. Proceedings of international conference on robot intelligence technology ［J］, 2013: 119 –
126.

［23］ Lee S-M, Jung J, Myung H. Geomagnetic field-based localization with bicubic interpolation for
mobile robots ［J］. Int J Control Autom Syst. 2015, 13 (4): 967 – 977.

［24］ Lee S-M, Jung J, Kim S, Kim I-J, Myung H DV-SLAM (dual-sensor-based vector-field SLAM)
and observability analysis ［J］. IEEE Trans Ind Electron. 2015, 62 (2): 1101 – 1112.

［25］ Jung J, Lee S-M, Myung H. Indoor mobile robot localization and mapping based on
ambient magnetic fields and aiding radio sources ［J］. IEEE Trans Instrum Meas. 2015, 64
(7): 1922 – 1934.

［26］ Gutmann J-S, Eade E, Fong P, Munich ME. Vector field SLAM-localization by learning the spa-
tial variation of continuous signals ［J］. IEEE Trans Rob. 2012, 28 (3): 650 – 667.

［27］ Mahfouz, S., Mourad-Chehade, F., Honeine, P., Farah, J., Snoussi, H. Kernel-based ma-
chine learning using radio-fingerprints for localization in WSNs ［J］. IEEE Trans. Aerosp.
Electron. Syst.. 2015, 51 (2): 1324 – 1336.

［28］ Wang, X., Gao, L., Mao, S., Pandey, S.: CSI-based fingerprinting for indoor localization: a
deep learning approach. IEEE Trans. Veh. Technol. 2017, 66 (1): 763 – 776.

第2章 室内外定位技术

本章节主要介绍现有的室内外定位技术的基本原理。按照定位原理的不同可以将这些技术按以下进行分类：

(1) 基于测量角度的定位技术；

(2) 基于测量距离的定位技术；

(3) 基于位置指纹的定位技术；

(4) 基于惯性和移动传感器的定位技术；

(5) 基于连通性及邻节点的定位技术。

下面即对这些定位技术进行详细介绍。

2.1 基于测量角度的定位技术

基于测量角度的定位方法也称为信号的到达角度定位法（Angle of Arrival，简称 AOA）。该方法是通过基站接收机阵列天线检测出目标发射电波的入射角，从而构成一根从接收机到移动台的径向连线，即方位线。利用两个或两个以上接收机提供的 AOA 测量值，按 AOA 定位法确定多条方位线的交点，即为目标的估计位置，如图 2.1 所示。

假设基站 BS1 坐标（x_1, y_1）和 BS2 坐标（x_2, y_2）分别检测得目标发出信号的到达角度分别为 θ_1 和 θ_2，假设未知目标点坐标为（x, y），则有式（2-1）：

$$\tan(\theta_i) = \frac{(y_i - y)}{(x_i - x)}(i = 1,2) \qquad (2-1)$$

通过求解上述非线性方程组可以得到目标的估计位置。一般来说，如果计算被测物体的平面位置（即二维位置），那么需要测量两个角度和一个距离，同理，

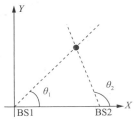

图 2.1 基于测量角度的定位技术原理

如果要计算被测物体的立体位置（即三维位置），那么需要测量三个角度和一个距离。

AOA 对硬件的要求比较高，且容易受到建筑物的多径干扰影响。

2.2 基于测量距离的定位技术

基于测量距离的定位技术目前主要有利用被测信号的 TOA（Time of Arrival），TDOA（Time Difference of Arrival）和 RSS（Received Signal Strength）来测量发送节点和接收节点之间的距离。

2.2.1 TOA 测距方法

TOA 测距方法如图 2.2 所示。该技术通过测量信号传播时间来测量距离。其基本思想是测量发射节点发射信号的到达时间，并且在发射信号中要包含发射时

图 2.2　TOA 测距图示

间标记以便接收节点确定发射信号所传播的距离，该方法要求发射节点和接收节点的时间精确同步。为了测量发射信号的到达时间，需要在每个接收节点处设置一个位置测量单元，同时为避免定位点的模糊性，该方法至少需要三个位置测量单元参与测量。GPS 定位技术便是采用的这种原理。

2.2.2 TDOA 测距方法

在 TDOA 中，发射节点同时发射两种不同传播速度的信号，接收节点根据两种信号到达的时间差以及已知这两种信号的传播速度，计算两个节点之间的距离。

图 2.3　TDOA 测距图示

TDOA 测距方法如图 2.3 所示，已知发射节点在 T_0 时刻发送射频信号，随后在 T_2 时刻发送超声波信号，两个信号向同一个方向发送，接收节点分别在 T_1、T_3 时刻接收到射频信号和超声波信号。射频信号的传播速度为 VRF，超声波信号的传播速度为 VUS，假设发射节点与接收节点之间的距离为 d 那么存在下列公式（2-2）：

$$d = \left[(T_3 - T_1) - (T_2 - T_0) \right] \frac{V_{RF} - V_{VS}}{V_{RF} V_{US}} \qquad (2-2)$$

由于发射节点在发送射频信号和超声波信号的时候有处理时间差,需要通过精确的测量 $(T_2 - T_0)$ 来补偿这个时间差,获得精确的距离。该技术的测距精度比 RSS 高,通常传播距离仅为信号的传播影响。可达到厘米级,但受限于发射设备传播距离有限(一般超声波信号有效测距范围 6~9m,因而网络需要密集部署),而且需要大量计算和通信开销,不一定适用于低功耗的无线传感器应用。

2.2.3 RSS 测距方法

RSS(Received Signal Strength)测距方法为:已知发射功率,在接收节点测量接收功率,计算传播损耗,使用理论或经验的信号传播模型将传播损耗转化为距离,该技术主要使用 RF 信号。例如,在自由空间中,距离发射机 d 处的天线接收到的信号强度由下列公式(2-3)给出:

$$P_r(d) = \frac{P_1 G_1 G_r \lambda^2}{(4\pi)^2 d^2 L} \qquad (2-3)$$

式中　P_1——发射机功率;

$P_r(d)$——在距离 d 处的接收功率;

G_1、G_r——发射天线和接收天线的增益;

d——距离,m;

L——与传播无关的系统损耗因子,是波长,m。

这样通过测量接收信号的强度,再利用上式就能计算出收发节点间的大概距离。该技术主要使用 RF 信号。因传感器节点本身具有无线通信能力,故其是一种低功率、廉价的测距技术。它的主要误差来源是环境影响所造成的信号传播模型的建模复杂性:反射、多径传播、非视距、天线增益等问题都会对相同距离产生显著不同的传播损耗。通常将其看作一种粗糙的测距技术,有可能产生 ±50% 的测距误差。

TOA 和 TDOA 可以实现高精度定位,但由于被测信号的传播速度较快,为了精确地获取相关时间数据,系统对硬件设备要求比较高。TOA 要求节点间保持精确的时间同步,而 TDOA 消除了对于时间基准的依赖性,降低了系统的成本。RSS 定位不需要额外的硬件设备,但 RSS 定位需要预先建立位置和信号强度之间的映射关系,当参考节点移动时,需要重新建立映射关系,这给定位系统的部署和扩展造成极大的不便。AOA 定位不仅提供目标节点的坐标,而且可以表示节点之间的方位信息，但是 AOA 测量技术易受外界影响。当目标节点距离天线阵列较远时，定位角度的微小偏差会导致定位线性距离的较大误差。

2.3 基于位置指纹的定位技术

信号的多径传播对环境具有依赖性，并呈现非常强的特殊性。对于每个位置而言，该位置上信道的多径结构是唯一的，终端发射的无线电波经过反射和折射，产生与周围环境密切相关的特定的多径信号，这样的多径特征可以认为是该位置的"指纹"。指纹法定位的思路是基于基站天线阵列检测信号的幅度和相位等特性，提取多径干扰特征参数，将该参数与预先存储在数据库中的指纹数据进行匹配，找出最相似的指纹结果来进行定位。该定位方法一般分为两步：首先是离线的一个参考信号收集，即数据训练的过程，然后是在线的匹配过程，即指纹识别。在训练学习阶段，根据要求精度选取信标点覆盖区域中的大量参考位置，将目标点置于这些位置分别工作，采集测试点的各种信息，包括来自各已知节点的信号强度、功率等。一般对采集的参考信息还需进行一定均值或滤波处理，再存储于数据库中。待系统运行阶段，未知节点在定位区域中移动时，同样收集信标信息，并发送至基站数据处理中心，对比离线收集的参考信息，计算数据差异，取差异性最小的测试点的实际位置视为未知节点位置，即完成目标定位工作。比如在无线局域网中，信号强度、信噪比都是比较容易测得的电磁特征。微软研究的 RADAR 定位系统就采用了一个信号强度的样本数据集。该数据集包含了在大楼里多个采样点和方向上采集的 802.11 网络通信设备感测的无线信号强度。然后，其他使用 802.11 网络的终端设备的位置可通过查表操作计算得出。因此，位置指纹也称为无线电地图（Radio Map）。

指纹定位的优点是一个基站即可实现定位，定位精度比较高；可以充分利用现有的设施，不需要改变移动设备的硬件，系统无需或仅增加极少的额外设备；升级和维护对用户影响小。其缺点是前期工作量大，以及不适合环境变化太快的区域或未知区域。指纹定位的定位精度取决于数据库的大小，要提高测量精度，需要先对定位区域做详细的测量，建立庞大的数据库，且数据库必须定期或不定期进行更新，因为没有数据的区域将无法提供定位服务。

位置指纹法系统及其房间模拟和信号图示分别见图 2.4 和图 2.5。

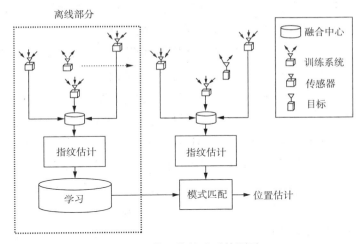

图 2.4 位置指纹法系统图示

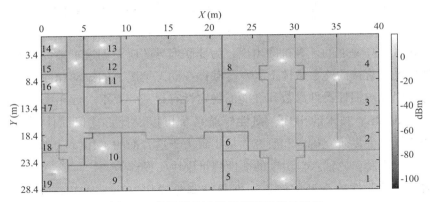

图 2.5 位置指纹法房间模拟及信号图示

2.4 基于惯性和移动传感器的定位技术

之所以将惯性和移动传感器归为一类是因为这类定位技术都是依靠陀螺仪、加速计、磁力计等某种移动传感器来辅助定位。

惯性导航系统（简称惯导系统，INS）是通过测量运载体本身的加速度来完成导航任务的，根据牛顿惯性原理，利用惯性元件 IMU（陀螺仪、加速度计）测量运载体的加速度，经过积分和运算，获得速度和位置，供导航使用。惯性导航技术不依赖任何外部信息，短期精度和稳定性较好，不向外界辐射能量，正是这种自主性和保密性的优点使得该系统在军事、航空航天等领域得到广泛的应用。

惯性导航系统按照惯性测量装置在载体上的安装方式可分为两类，即平台式和捷联式。平台式惯导系统（MINS）是将惯性测量装置安装在惯性平台的台体上，平台不仅能直接建立导航坐标系，而且能隔离载体的角震动，因而惯性测量仪表的工作环境较好，导航计算量小，容易补偿和修正测量仪表的输出，但是结构复杂、体积大、成本高。平台系统在早期的航海、航空、航天以及陆用的高精度导航、制导中几乎一统天下。一直到 20 世纪 70 年代，随着计算机、微电子以及控制等新技术在惯性技术领域的应用，出现了捷联式惯性系统（SINS），平台系统受到了强有力的挑战。捷联式惯性导航系统是把惯性敏感器（陀螺仪和加速度计）直接安装在运载体上，利用惯性敏感器、基准方向及最初的位置信息来确定运载体的方位位置和速度的自主式航位推算导航系统。与平台式惯性导航系统相比，捷联式惯性导航系统省略了精密的稳定平台和控制机构，使系统的设计极大简化，成本大幅度降低，并且易于安装和维护，有利于提高系统的性能和可靠性。

大容量、高速度的计算机的出现，为捷联惯导的应用创造了条件。但是陀螺仪和加速度计直接固连在载体上，承受载体在动态情况下的振动和冲击，工作环境恶劣，因此对惯性器件参数和性能的稳定性有很高的要求。近年来，随着微机电系统（MEMS）技术的出现，惯性导航系统可以设计得比以前体积小、价格低、功耗低。许多研究机构和研究人员正致力于这方面的工作，比如微输入设备（MIDS）的开发，三轴六自由度的惯性测量模块的设计等。

惯性导航器件的小型化使得惯性导航测量模块（Inertial Measurement Unit，IMU）可以灵活地安装在步行者鞋子上、腿上、外套上或头盔上。针对步行者的行走速率较低、行走伴随动作多样的特点，通过分析加速度计所测量的步行者行走时的振动特征来估算步行者实时步频，并以此估算步行者实时步频作为步行者实时移动的距离，最终结合电磁罗盘的航向角输出完成航位推算 PDR（Pedestrian dead reckoning）。然而电磁罗盘并不是最佳选择，因为电磁罗盘很容易受到电力线路、计算机以及各种金属制品及金属框架建筑的干扰。这些时断时续的不确定性干扰很难监测，更加难以校正。陀螺仪和电磁罗盘组合使用时则可以对这种电磁扰动进行修正，但是除非知道磁扰的幅度和时间长度等条件，否则不可能真正找到合适的调整滤波器。

因此，为了进一步提高 INS 的精度，各国都相继研究了 INS 误差控制的方法和手段，常用的有零速修正（Zero-Velocity Update，ZUPT）、经验平滑、区域调整以及组合导航等。其中零速修正技术是控制惯性导航系统误差的一种廉价的、有效的、必不可少的手段。所谓零速修正（ZUPT），就是利用载体停止运动时INS 的速度输出作为系统速度误差的观测量，进而对其他各项误差进行校正。在载体停止运动测量的过程中，理论上，其速度、加速度值均为零，但由于系统误差和扰动重力场的影响，加速度计的输出并不为零，所以系统实际上总是存在一定的速度输出值，出现零速误差。对零速误差（作为外部量测信息）进行数据处理，可以修正 INS，达到控制误差积累的目的。国外许多惯性测量系统均采用了零速修正，如美国的利顿（Litton）系统、IPS、LASS、RGS，英国的费伦梯（FILS）系统以及美国的霍尼韦尔系统、GEO-SPIN 等。它们进行零速修正的主要处理方法有实时卡尔曼滤波、曲线拟合、最大似然估计等。

2.4.1　坐标系和符号的约定

1. 地心惯性坐标系（i 系）——$O_e X_i Y_i Z_i$

惯性坐标系是符合牛顿力学定律的坐标系，即是绝对静止或只做匀速直线运动的坐标系。坐标原点位于地球中心，春分点是天文测量中确定恒星时的起始点，$O_e X_i$ 轴指向平春分点，$O_e Z_i$ 轴沿地轴指向北极方向，$O_e X_i$ 轴和 $O_e Y_i$ 轴位于赤道面内与地轴 $O_e Z_i$ 垂直并不随地球自转，因此 $O_e Z_i$、$O_e X_i$、$O_e Y_i$ 均指向惯性空间某一方向不变。不考虑地球公转和太阳运动可近似把坐标系 $O_e X_i Y_i Z_i$ 看成一个惯性坐标系并称之为地心惯性坐标系。

2. 地球坐标系（e 系）——$O_e X_e Y_e Z_e$

坐标原点位于地球中心，与地球固联，相对惯性坐标系以地球自转角速率 ω_{ie} 旋转。$\omega_{ie} = 15.04107°/h$。$O_e Z_e$ 轴沿地轴指向北极方向，$O_e X_e$ 轴和 $O_e Y_e$ 轴位于赤道面内，其中 $O_e X_e$ 指向格林威治经线，$O_e Y_e$ 指向东经 90° 方向。地球表面上的一点在地球系中通常用经度和纬度表示。

3. 地理坐标系（t 系）——$O X_t Y_t Z_t$

地理坐标系是最重要的坐标系之一。在不同的文献中，坐标轴正向有不同的取法，但这并不影响导航基本原理的阐述和导航参数计算结果的正确性。原点为载体重心，$O X_t$ 轴指向东，$O Y_t$ 轴指向北，$O Z_t$ 轴指向天，也称东北天坐标系。地理坐标系相对地球坐标系的方位关系就是载体的地理位置。

4. 导航坐标系（n 系）——$O X_n Y_n Z_n$

导航坐标系是在导航时根据导航系统工作的需要而选取的作为导航基准的坐

标系。当把导航坐标系选得与地理坐标系相重合时，可将这种导航坐标系称为指北方位系统，为了适应在两极地区附近导航的需要，可取为自由方位系统，此时导航坐标系和地理坐标系之间相差一个方位角。

5. 平台坐标系（p 系）——$OX_pY_pZ_p$

平台坐标系是用惯性导航系统来复现导航坐标时所获得的坐标系，当惯导系统没有误差时，平台坐标系和导航坐标系重合；当惯导系统有误差时，平台坐标系相对导航坐标系出现一个误差角，称为平台误差角。对于平台惯导系统，平台坐标系是通过平台台体来实现的。对于捷联惯导系统，平台坐标系是通过存储在计算机中的方向余弦矩阵（捷联矩阵）来实现的，又称为"数学平台"。

6. 载体坐标系（b 系）——$OX_bY_bZ_b$

载体坐标系原点为载体重心 O，OX_b 轴沿载体纵轴指向载体前端，OZ_b 轴指向沿垂线向下，构成右手坐标系 $OX_bY_bZ_b$。载体坐标系相对导航坐标系所确定的状态可以用姿态角（横摇角、俯仰角和偏航角）来表示。

各坐标系示意图如图 2.6 所示。

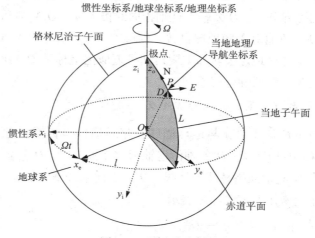

图 2.6　坐标系示意图

2.4.2　捷联惯性导航系统

捷联式惯导系统的最大特点是没有实体平台，即将陀螺仪和加速度计直接安装在载体上，在计算机中实时地计算姿态矩阵，通过姿态矩阵把导航加速度计测量的载体沿机体坐标系轴向的加速度信息变换到导航坐标系，然后进行导航计算。同时，从姿态矩阵的元素中提取姿态和航向信息。捷联惯性导航系统原理的示意图如图2.7所示。

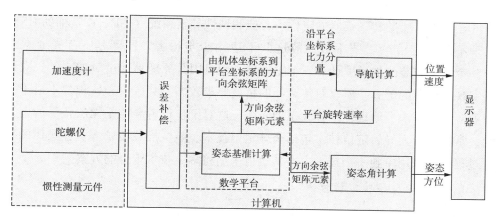

图 2.7 捷联惯性导航系统结构图

由于用计算机软件所实现的"数学平台"取代了复杂的机械平台，这就大大降低了惯导系统的成本。

惯性导航系统由以下几个部分组成：

（1）加速度计：用来测量载体运动的加速度。

（2）惯导平台：模拟一个导航坐标系，把加速度计的测量轴稳定在导航坐标系，并用模拟的方法给出载体的姿态和方位信息。

（3）陀螺仪：有两个作用，一是用来建立一个参考坐标系，二是用来测量运动物体的角速度。

（4）导航计算机：完成导航计算和平台跟踪回路中指令角速度信号的计算。

（5）控制显示器：给定初始参数及系统需要的其他参数，显示各种导航信息。

平台式系统中由于稳定平台把惯性仪表与周围环境隔离开来，即使载体有剧烈的振动，惯性仪表也仍有一个良好的动态环境。而捷联式系统的各种传感器则直接受到整个载体动态环境的影响，因此捷联式系统要求各种惯性传感器有一个大的动态范围。传统上捷联式系统使用的陀螺包括单自由度陀螺、调谐转子陀螺以及静电陀螺等，但由于光学陀螺具有结构紧凑、动态范围大等突出的优点，因此近些年来，越来越多的捷联式系统倾向于使用以激光陀螺为代表的光学陀螺。

2.4.3　行人导航定位技术

在车辆、船舶和飞行器的定位中，捷联惯性导航系统（SINS）是辅助 GNSS 实现不间断定位的重要手段，但这并不适用于步行者。原因是：首先通常需要 3 个正交安装的加速度计和三轴陀螺仪，而且因其原理是通过对加速度二次积分实现对位移的解算，所以对传感器的精度要求较高，其造价和体积都不适于步行者应用；其次，原理性漂移大于 1km/h，这对于步行者导航是无法接受的。目前，常用的行人导航定位技术包括全球定位技术、航位推算技术等。在具体的实现过程中可采用单独一个技术方案，也可采用将多个技术组合的方案。

1. 常用行人导航定位技术

1）全球定位系统（Global Navigation System，GPS）

GPS 具有全球、全天候、连续、实时提供高精度位置信息的优点。而 GPS 接收机性能的不断改良，具有高灵敏度和弱信号捕获能力的第三代 GPS 接收机，克服了二代接收机在城市定位的多种缺陷，大大降低了 GPS 无法定位的概率，提高了 GPS 在城市定位的精度和可靠性。已成为行人导航定位系统的主要定位手段之一。但单独使用 GPS 仍无法克服因 GPS 信号受遮挡或反射导致定位精度下降的问题，无法满足行人导航系统连续导航定位的需要。全球四大卫星定位系统如图 2.8 所示。

2）航位推算（Dead Reckoning，DR）

DR 系统在已知当前时刻行人位置的条件下，通过测量行人的行走距离和方位，推算行人下一时刻位

图 2.8　全球四大卫星定位系统

置。具有自主定位，不受外界环境影响的特点。但 DR 传感器（加速度计、磁罗盘以及陀螺仪）成本高、尺寸大一直制约着 DR 系统在行人导航中的应用。随着微机电系统（Micro-Electro-Mechanical System，MEMS）技术的发展，加速度计、磁罗盘以及陀螺仪的尺寸、重量、成本被大大降低，成为目前最常用的行人导航定位技术。但航迹推算系统本身的误差随时间累积，因此 DR 系统单独工作无法提供长时间高精度的导航信息。

3）地图匹配（Map Matching，MM）

地图匹配是通过将定位导航系统的信息与地图信息进行比较和融合，从而提高整个系统的定位精度。但由于行人并非在固定轨道上行走，因此在行人导航中，地图匹配技术作为辅助导航技术，用于确定行人所在街道或地址。

2. 组合导航技术

任何一种定位系统单独工作都无法克服自身的缺陷，实现高精度连续的导航定位。因此组合导航系统成为研究的热点，通过融合不同系统的信息，克服单个系统的缺点，达到高精度、高可靠性、低成本导航的目的。GPS/DR 组合导航是目前行人导航系统采用的主要组合方案。GPS、DR 系统优缺点如表 2.1 所示。

表 2.1　GPS、DR 系统优缺点

项　目	优　点	缺　点
DR	自主定位	相对导航
	连续导航	误差随时间发散
GPS	绝对定位	信号易受干扰
	误差不随时间发散	无法实现连续定位

从表 2.1 中可见，GPS、DR 系统均存在不足，利用 GPS/DR 组合导航，可以使得 GPS 绝对定位精度高，而且克服 DR 系统误差随时间发散的缺点，并解决 DR 系统不能初始定位的缺陷；利用 DR 系统自主定位的优点，可以弥补 GPS 信号缺失情况下的连续定位问题，从而实现行人导航系统的高精度连续导航。

2.4.3.1　行人导航系统结构

如图 2.9 所示是行人导航系统结构图，主要由传感器模块、导航计算机模块以及输出终端三部分组成。

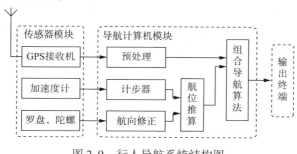

图 2.9　行人导航系统结构图

传感器模块由 DR 传感器与 GPS 接收机组成。DR 传感器采集 DR 系统所需的各种信息，包括加速度计测量的人行走时的加速度信息、电子磁罗盘或陀螺仪测量的行走方位角和角速率信息；GPS 接收机每秒输出一次定位数据，导航计算机则利用传感器模块输入的各种信息完成导航解算，包括 DR 推算、GPS 信号预处理以及组合导航解算。输出终端可以是 PDA，手机等设备。

2.4.3.2 行人导航系统航位推算算法

航位推算（Dead Reckoning，DR），指从一已知的坐标位置开始，根据运动体（行人、船只、飞机、陆地车辆等）在该点的运动方向、速度和运动时间，推算下一时刻坐标位置的导航过程，具有完全自主、机动灵活的特点，不易受外界环境影响，随时随地提供连续的二维位置信息。陀螺仪、磁罗盘、加速度计作为常用的测量传感器为航位推算系统提供航向与位移信息。航位推算系统定位原理如下：

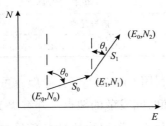

图 2.10　航位推算算法原理图

假设在初始 t_0 时刻，行人的起始位置为 $(x_0，y_0)$，则通过测量行走的距离 S_0 和方位角为 θ_0，可推算出下一时刻 t_1 的位置。具体算法如图 2.10 所示。

图 2.10 中，E、N 分别表示东向、北向位置分量，$(E_0，N_0)$ 是行人在 t_0 时刻的初始位置，S_0 和 θ_0 分别表示行人从 t_0 时刻到 t_1 时刻从位置 $(E_0，N_0)$ 行走到位置 $(E_1，N_1)$ 的移动距离和绝对航向，则行人在 t_1 时刻的位置可表示为：

$$\begin{cases} E_1 = E_0 + S_0\sin\theta_0 \\ N_1 = N_0 + S_0\cos\theta_0 \end{cases} \quad (2-4)$$

同理，行人在 t_2 时刻的位置 $(E_2，N_2)$ 可表示为：

$$\begin{cases} E_2 = E_1 + S_1\sin\theta_1 = E_0 + \sum_{i=0}^{1}S_i\sin\theta_i \\ N_2 = N_1 + S_1\cos\theta_1 = N_0 + \sum_{i=0}^{1}S_i\cos\theta_i \end{cases} \quad (2-5)$$

根据上述原理，可获得行人在 t_k 时刻位置的航位推算公式为：

$$\begin{cases} E_k = E_{k-1} + S_k\sin\theta_k = E_0 + \sum_{i=0}^{k-1}S_i\sin\theta_i \\ N_k = N_{k-1} + S_k\cos\theta_k = N_0 + \sum_{i=0}^{k-1}S_i\cos\theta_i \end{cases} \quad (2-6)$$

然而由于步行行为的多样性与多变性，使得 DR 在应用于行人导航系统时，其具体的实现形式略有变化。根据步行特点以及行人导航系统低成本、易佩戴的要求，行人的行走距离很难直接通过传感器直接测量，也不容易根据加速度积分的方式进行计算。因此，行人导航系统中主要采用步数（或步频）与步长的乘积获得相对位移量，即：

$$S_k = n_{k-1} P_{k-1} \tag{2-7}$$

式中，n_{k-1} 表示行走的步数，P_{k-1} 表示步长。步数可以通过计步器获得，而步长是行人导航系统中较难确定的变量，不仅因人而异，还因时而异、因地而异，往往采用预估初值、在线调整修正的方法获得。航向角可由磁罗盘直接测量，也可以通过速率陀螺测量获得。北向定义为 0，航向角取值范围为 $[0°，360°)$。

从式（2-5）、式（2-6）可知，在行人导航系统中，DR 精度不仅受初始位置精度（E_0，N_0）影响，还受步数、步长与航向角测量精度影响。在实际应用中，计步器总会存在漏步与多计步的情况，磁罗盘则易受外界环境影响产生偏差角，而在佩戴时也会因佩戴位置的影响产生一定的偏差，步长则时时变化、不易测量，DR 算法本质又是矢量的累加，因此 DR 误差会随时间增长而积累，最终导致 DR 误差发散。

因此，虽然 DR 可以进行连续导航，但由于误差会随时间积累，故而无法进行长时间导航。为了能够抑制系统误差发散趋势，保证一定的定位精度，可从两方面对 DR 进行处理：一方面，可通过提高计步器计步精度，增加传感器以修正航向角偏差等，提高 DR 系统自身的定位精度；另一方面，利用其他导航系统，如 GPS 定位系统对其进行修正。

2.5 基于连通性或临近关系的定位技术

基于连通性或临近关系的定位技术无需测量节点间的绝对距离或方位，降低了对节点硬件的要求，但定位的误差也相对有所增加。

2.5.1 质心算法

多边形的几何中心称为质心，多边形顶点坐标的平均值就是质心节点的坐标。多边形 ABCDE 的顶点坐标分别为 A（x_1，y_1）、B（x_2，y_2）、C（x_3，y_3）、D（x_4，y_4）、E（x_5，y_5），其质心坐标

$$(x, y) = \left(\frac{x_1 + x_2 + x_3 + x_4 + x_5}{5}, \frac{y_1 + y_2 + y_3 + y_4 + y_5}{5} \right)。$$

质心定位算法首先确定包含未知节点的区域，计算这个区域的质心，并将其作为未知节点的位置。在质心定位算法中，信标节点周期性地向临近节点广播信标分组，信标分组中包含信标节点的标识号和位置信息。当未知节点接收到来自不同节点的信标分组数量超过某一门限值或接收一定时间后，就确定自身位置为这些信标节点所组成的多边形的质心。

由于质心算法完全基于网络连通性，无需信标节点和未知节点之间的协调，因此简单、易于实现。

2.5.2 APS（Ad – hoc Positioning System）

美国 Rutgers University 的 DragosNiculescu 等利用距离矢量路由（Distance Vector Routing）和 GPS 定位的原理提出了一系列分布式定位算法，合称为 APS。它包括 6 种定位算法：DV-Hop，DV-distance，Euclidean，DV-coordinate，DV-Bearing 和 DV-Radial。

DV-Hop 算法其基本思想是将未知节点到锚节点之间的距离用网络平均每跳距离和两者之间的跳数乘积表示。DV-Hop 算法由三个阶段组成。首先使用典型的距离矢量交换协议，使网络中所有节点获得距锚节点的跳数（distance in hops）。第二阶段，在获得其他锚节点位置和相隔跳距之后，锚节点计算网络平均每跳距离，然后将其作为一个校正值广播至网络中。校正值采用可控洪泛法在网络中传播，这意味着一个节点可从最近的锚节点接收校正值。在大型网络中，可通过为数据包设置一个 TTL 域来减少通信量。当接收到校正值之后，节点根据跳数计算与锚节点之间的距离，当未知节点获得与三个或更多锚节点的距离时，则在第三阶段执行三边测量定位。

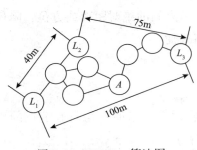

图 2.11　DV-Hop 算法图

如图 2.11 所示，已知锚节点 L_1 与 L_2，L_3 之间的距离和跳数。L_2 计算得到校正值，则它与 3 个锚节点之间的距离分别为 $L_1 - 3 \times 16.42$、$L_2 - 2 \times 16.42$、$L_3 - 3 \times 16.42$，然后使用三边测量法确定节点 A 的位置。

DV-distance 算法与 DV-Hop 类似，所不同的是相邻节点使用 RSS 测量节点间点到点的距离，然后利用类似于距离矢量路由的方法传播与锚节点的累计距离。当未知节点获得与 3 个或更多锚节点的距离后使用三边测量定位。DV-distance 算法也仅适用于各向同性的密集网络。实验显示，该算法的定位精度为 20%（网络平均连通度为 9，锚节点比例为 10%，测距误差小于 10%）；但随着测距误差的增大，定位误差也急剧增大。

Euclidean 定位算法给出了计算与锚节点相隔两跳的未知节点位置的方法。假设节点拥有 RSS 测距能力，如图 2.12 所示，已知未知节点 B、C 在锚节点 L 的无线射程内，BC 距离已知或通过 RSS 测量获得；节点 A 与 B，C 相邻。对于四边形 ABCL，所有边长和一条对角线 BC 已知，根据三角形的性质可以计算出 AL 的长度（节点 A 和 L 的距离）。使用这种方法，当未知节点获得与 3 个或更多锚节点之间的距离后定位自身。

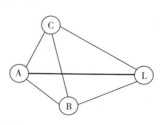

图 2.12　Euclidean 定位算法示意图

在 DV-coordinate 算法中，每个节点首先利用 Euclidean 算法计算两跳以内的邻近节点的距离，建立局部坐标系（以自身位置作为原点）。随后，相邻节点交换信息，假如一个节点从邻居那里接收到锚节点的信息并将其转化为自身坐标系中的坐标后，可使用以下两种方法定位自身：①在自身坐标系中计算出距离，并使用这些距离进行三边测量定位；②将自身坐标系转换为全局坐标系统。这两种方法具有相同的性能。

Euclidean 和 DV-coordinate 定位算法虽然不受网络各向异性的影响，但受测距精度、节点密度和锚节点密度的影响。实验显示，Euclidean 和 DV-coordinate 算法定位误差分别约为 20% 和 80%（网络平均连通度为 9，锚节点比例为 20%，测距误差小于 10%）。

DV-Bearing 和 DV-Radial 算法提出了以逐跳方式（hop by hop）跨越两跳甚至 3 跳来计算与锚节点的相对角度，最后使用三角测量定位的方法。两者的区别在于，DV-Radial 算法中每个锚节点或节点都安装有指南针（compass），从而可以获得绝对角度信息（例如与正北方向的夹角），并达到减少通信量和提高定位精度的目的。实验显示，DV-Bearing 和 DV-Radial 算法在网络平均连通度为 10.5，锚节点比例为 20%，AOA 测量误差小于 5% 的条件下，90% 以上的节点可以实现定位，定位精度分别为 40% 和 25%。

2.5.3 AHLos（Ad-hoc Localization System）和 n-hop multi-lateration primitive 算法

加州大学洛杉矶分校的 Andreas Savvides 等设计了一种称为"Medusa"的无线传感器节点试验平台（配备有射程 3m 的超声波收发器，可使用 TDOA 技术以 2cm 的精度测量距离），并在该平台上开发了 AHLos 和 n-hop multi-lateration primitive 定位算法。

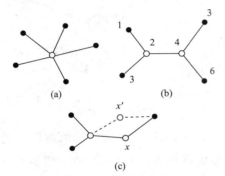

图 2.13　AHLos 算法示意图
○ 未知节点；● 锚节点

AHLos 算法中定义了 3 种定位方式——原子式、协作式和重复式最大似然估计定位（atom，collaborative 和 iterative multilateration）。其中 atom multilateration 就是传统的最大似然估计定位，如图 2.13（a）所示。

Collaborative multilateration 是指假如一个节点可以获得足够多的信息来形成一个由多个方程式组成并拥有唯一解的超限制条件或限制条件完整的系统，那么就可以同时定位跨越多跳的一组节点。图 2.13（b）展示了 Collaborative multilateration 的一个二维拓扑示例，未知节点 2 和 4 都有 3 个邻居节点，且 1、3、5 和 6 都是锚节点，根据拓扑中的 5 条线段建立拥有 4 个未知数（节点 2 和节点 4 的二维坐标）的 5 个二次方程式然后用最大似然估计法估算，利用节点间协作计算出节点 2 和节点 4 的位置。

Iterative multilateration 就是首先使用原子式和协作式定位，当部分未知节点成功定位自身后，将其升级为锚节点，并进入下一次循环，直到所有节点定位或没有满足原子和协作定位条件的节点存在时结束。

实验显示，在网络平均连通度约为 10，锚节点比例为 10% 的条件下，该算法可使 90% 的节点实现定位，定位精度约为 20cm。AHLos 算法的缺点为：①将已定位的未知节点直接升级为锚节点虽然缓解了锚节点稀疏问题，但会造成误差累计——相对于测距精度，该算法的定位精度降低了一个数量级；②在 AHLos 算法中并没有给出一组节点能否执行 Collaborative multilateration 的充分条件。如图 2.13（c）所示，如果执行协作式定位，节点 x 的解并不唯一。

在 AHLos 算法的基础上，Andreas Savvides 等又提出了 n-hop multilateration primitive 定位算法。它不仅给出了判定节点是否可参与 Collaborative multilateration 的充分条件，并使用卡尔曼滤波技术循环定位求精，减小了误差积累。该算法分为 3 个阶段。

（1）生成协作子树。根据判定条件，在网络中生成多个未知节点和锚节点组成的限制条件完整或超限制条件的构型，称为协作子树，每个构型包括 n 个未知变量（未知节点的坐标）和至少 n 个非线性方程式，并确保每个未知变量拥有唯一解。未被协作子树包含的节点在整个算法的后处理阶段进行定位。

（2）计算节点位置的初始估算。根据锚节点位置、节点间距离和网络连通性信息对每个节点的位置进行粗略估算，结果作为第三阶段的输入。如图 2.14 所示，图中 A、B 为锚节点，C、D 为未知节点，测得节点间距 a，b，c，可推算出节点 C 的 x 坐标取值范围为 $(\mid x_A - a \mid , \mid x_B + (b + c) \mid)$。但该方法有一个明显的缺点就是要求锚节点必须被部署在网络边缘。

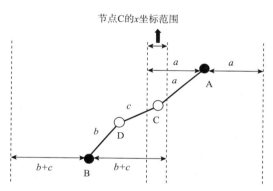

图 2.14 节点位置的初始估算

（3）位置求精。根据预设的定位精度，使用卡尔曼滤波技术在每个协作子树范围内（每个节点位置有唯一解）对第二阶段的结果进行循环求精，可选用分布式或集中式两种计算模式。

实验显示，该算法的定位精度可达 3cm，其中节点测距误差为 1cm，锚节点比例为 20%。

2.5.4 Generic Localized Algorithms

前面分析了 AHLos 算法利用将已定位的未知节点升级为锚节点来解决锚节点稀疏问题。在此基础上，加州大学洛杉矶分校的 SeapahnMeguerdichianl 等提出了通用型定位算法（generic localized algorithm），它的特点在于，详细指定了未知节点接受位置估算并升级为锚节点的条件，以减少误差累计的影响。

该算法也由起始和循环两阶段组成。起始阶段中，将相邻节点少于 3 个的节点标记为 orphan，将锚节点标记为 gotFinal。在循环阶段，首先相邻节点交换信息，假如一个未知节点的邻居节点中非 orphan 节点的数量小于 3，就将其标记为 orphan 节点。假如一个节点有 3 个以上的邻居节点为 gotFinal，则该节点就从中随机选择 3 个执行多次三边测量定位。执行的次数依赖于 gotFinal 邻居节点的数量，并确定自身位置为多次定位结果的均值。然后，该节点根据多次定位结果的一致性和 gotFinal 邻居节点的数量计算一个目标函数值。最后，相邻节点比较目标函数值，那些目标函数值最低的节点将接受位置估算并升级为锚节点，而其他节点都丢弃他们的位置估算，进入下一轮循环。因为每次循环都至少会有一个节点成为 orphan 节点或升级为锚节点，所以循环最终会结束。

实验显示，Generic Localized Algorithm 在锚节点定位误差为 10%，锚节点比例为 20%，测距误差在 25% 条件下，定位精度为 40%。

2.5.5　APIT 算法

APIT（Approximate PIT Test）算法的理论基础是 Perfect Point-In-Triangulation Test Theory（PIT）：假如存在一个方向，沿着这个方向 M 点会同时远离或接近 A、B、C，那么 M 位于△ABC 外；否则，M 位于△ABC 内，如图 2.15 所示。

为了在静态网络中执行 PIT 测试，定义了 APIT 测试：假如节点 M 的邻居节点没有同时远离/靠近三个锚节点 A、B、C，那么 M 位于△ABC 内；否则，M 位于△ABC 外。它利用 WSN 较高的节点密度来模拟节点移动和在给定方向上，一个

图 2.15　PIT 原理示意

节点距锚节点越远，接收信号强度越弱的无线传播特性来判断与锚节点的远近。通过邻居节点间信息交换，仿效 PIT 测试的节点移动，如图 2.15 所示，节点 M 通过与邻居节点 1 交换信息，得知自身如果运动至邻居节点 1，将远离锚节点 B 和 C，但会接近锚节点 A，与邻居节点 2、3、4 的通信和判断过程类似，最终确定自身位于△ABC 中；而在图（b）中，节点 M 可知假如自身运动至邻居节点 2 处，将同时远离锚节点 A、B、C，故判断自身不在△ABC 中。

在 APIT 算法中，一个目标节点任选三个相邻锚节点，测试自己是否位于它们所组成的三角形中。使用不同锚节点组合重复测试直到穷尽所有组合或达到所需定位精度。最后计算包含目标节点的所有三角形的交集质心，并以这一点作为目标节点的位置。

试验显示 APIT 测试错误概率相对较小（最坏情况下 14%）；平均定位误差小于节点无线电射程的 40%。但因细分定位区域和节点必须与锚节点相邻的需求，该算法要求较高的锚节点密度。

2.6 本章小结

本章对室内外定位技术按照原理分为：基于测量角度的定位技术、基于测量距离的定位技术、基于惯性和移动传感器的定位技术以及基于连通性或临近惯性的定位技术。并对它们的原理进行了一一阐述。

参考文献

［1］ M. Vossiek, L. Wiebking, P. Gulden, J. Weighardt, C. Hoffmann, P. Heide, Wireless local positioning ［J］, IEEE Microwave Magazine . 2003，4：77 - 86.

［2］ Neil Parwari, Alfred O, etc. Relative Location Estimation in Wireless Sensor Networks ［J］. IEEE Trans. On Signal Processing. Special issue on SignalProcessing in Networking. 2003，51 (8)：2137 - 2148.

［3］ Pi-Chun Chen. A non-line-of-sight error mitigation algorithm ［J］. Proceedings of IEEE Wireless Communications and Networking Conference (WCNC). New Orleans, LA, USA, IEEE Computer and Communications Societies. 1994 (9)：316 - 321.

［4］ M P Wylie, J Holtzman. The non-line-of-sight problem in mobile location estimation ［J］. Proceedings of the International Conference on Universal Personal Communications. Cambridge, MA. IEEE Communications Society. 1996 (9)：827 - 831.

［5］ Seapahn M, Sesa S, Vahag K, Miodrag P. Localized Algorithms in Wireless Ad-Hoc Networks：Location Discovery and Sensor Exposure ［J］. Proceedings of 2001 ACM International Symposium on Mobile Ad Hoc Networking&Computing. Long Beach, USA ACM Press. 2001 (10)：106 - 116.

［6］ 车云舟，须文波. 基于 RSSI 的无线传感器网络定位技术的研究 ［J］. 微计算机信息 . 2010, 26 (41)：82 - 84.

［7］ Vossiek M, Wiebking L, Gulden P, et al. Wireless local positioning concepts, solutions, applications ［C］. In Proceedings of RAWCON'03. 2003：219 - 224.

［8］ Niculescu D, Nath B. Ad Hoc Positioning System (APS) Using AOA ［C］. In Proceedings of

Twenty-second Annual Joint Conference of the IEEE Computer andCommunications Societies. 2003：1734－1743.

［9］梁韵基，周兴社，於志文，倪红波．普适环境室内定位系统研究［J］．计算机科学，2010，27（3）：112－115.

［10］李昊．位置指纹定位技术［J］．山西电子技术，2007，5：84－85.

［11］赵军．基于射频信号强度的零配置室内定位系统［D］．浙江大学硕士学位论文，2007：17－18.

［12］P. Bahl and V. N. Padmanabhan. Enhancements of theRADAR User Location and Tracking System［R］. TechnicalReport MSR-TR-2000－12, Microsoft Research, MicrosoftCorporation One Microsoft Way Redmond, WA 98052, 2000.

［13］PBahl and V. N. Padmanabhan. RADAR：an In-building RF-based Location and Tracking System［J］. In Proceedings of the IEEE INFOCOM, Tel-Aviv, Israel：2000：775－784.

［14］张明生．基于 WLAN 室内定位技术的研究［D］．2009 年上海大学博士学位论文 2009：24－25.

［15］黄德鸣，程禄．惯性导航系统［M］．北京：国防工业出版社。1986，12：33－38.

［16］赵林．捷联惯导及其组合导航研究［D］．南京理工大学硕士学位论文，2002：2－3.

［17］王晓迪．捷联惯导系统导航算法研究［D］．哈尔滨工程大学硕士学位论文，2007：1－5.

［18］LAM Hiu-fung. Micro Input Devices System (MIDS) Using MEMS Sensors［C］. The Chinese University of Hong Kong, 2004：20－56.

［19］O-Navi. Products of 6 DOF IMU［B］. http：//www. o-navi. com, 2005.

［20］王建东，刘云辉，宋宝泉，蔡宣平．行人导航系统设计与 IMU 模块数据预处理［J］．2006，43（491）：19－22.

［21］孙作雷，茅旭初，田蔚风，张相芬．基于动作识别和步幅估计的步行者航位推算［J］．上海交通大学学报，2008，42（12）：2002－2005.

［22］O. Mezentsev, G. Lachapelle, J. Collin. Pedestrian dead reckoning a solution to navigation in GPS signal degraded areas［J］. Geomatica, 2005, 59（2）：175－182.

［23］高钟毓，王进，董景新，惯性测量系统零速修正的几种估计方法［J］．中国惯性技术学报，1995，3（2）：24－29.

［24］J. R. Huddle. Historical Perspective and Potential Directions for Estimation in Inertial Survey［J］. Proceedings 3rd International Symposium on Inertial Technology for Surveying and Geodesy, 1985.

［25］任春华．激光陀螺捷联惯导系统若干关键技术及应用研究［D］．重庆大学博士学位论文，2007：18－19.

［26］尚伟. INS/GPS/EC 组合导航系统的设计分析［D］．哈尔滨工程大学硕士学位论文，

2009：7-9.

[27] 李亮. SINS/DVL 组合导航技术研究［D］. 哈尔滨工程大学硕士学位论文，2009：9-11.

[28] 冯庆奇. 激光陀螺捷联惯性导航系统组合导航及零速修正技术研究［D］. 国防科学技术大学硕士学位论文，2009：7-9.

[29] 孙昌跃. 捷联惯导系统传递对准研究［D］. 哈尔滨工业大学博士学位论文，2009：16-20.

[30] 张树侠，孙静. 捷联式惯性导航系统［M］. 国防工业出版社. 1992：23-50.

[31] 王志刚. 车载导航 GPS/DR/MM 组合定位技术的研究［D］. 武汉大学硕士学位论文，2005.

[32] R. Jirawinut, M. A. Shah, P. Ptasinski, F. Cecelja, W. Balachandran. Integrated DGPS andDead Reckoning for A Pedestrian Navigation System in Signal Blocked Environment［J］. Proceeding of ION GPS/GNSS, 2000：1741-1747.

[33] Cliff Randell, Chris Djiallis, Henk Muller. Personal Position Measurement Using DeadReckoning［J］. Proceeding of the 7th IEEE International Symposium on Wearable Computers（ISWC'03），IEEE Computer Society, 2003：116-121.

[34] N. Bulusu, J. Heidemann, D. Estrin. GPS-lessLowCostOutdoorLocalizationforVerySmall Devices［J］. IEEE Personal Communications Magazine. 2000, 17（5）：28-34.

[35] D. NieuleseuandB. Nath. Adhoc PositioningSystem（APS）［C］//Proceedings of IEEE Globe com, IEEEPress, 2001：2926-2931.

[36] Niculescu D, Nath B. DV based positioning in ad hoc networks［J］. Telecommunication Systems-Modeling, Analysis, Design andManagement, 2003, 22（1/4）：267-280.

[37] SavvidesA, Park H, SrivastavaM B. The bits and flops of the N-hop multilateration primitive for node localization problems［C］. Proceedings of the First ACM International Workshop on Wireless Sensor Networks and Applications. Association for Computing Machinery, 2002：112-121.

[38] Tian He, Chengdu Huang, Brian M Blum et al. Range-Free Localization Schemes in Large Scale Sensor Networks［C］. Proceedings of 9th annual international conference on Mobile computing and networking（MobiCom），ACM Press, 2003：81-95.

[39] X. Fang, L. Nan, Z. Jiang, and L. Chen. Fingerprint localisation algorithm for noisy wireless sensor network based on multiobjective evolutionary model［J］. IET Commun., 2017, 11（8）：1297-1304.

[40] M. Bshara, U. Orguner, F. Gustafsson, and L. V. Biesen. Fingerprinting localization in wireless networks based on received-signal-strength measurements：A case study on WiMAX networks［J］. IEEE Trans. Veh. Technol., 2010, 59（1）：283-294.

［41］ A. H. Gazestani, R. Shahbazian, and S. A. Ghorashi. Decentralized consensus based target locali-zation in wireless sensor networks ［J］. Wireless Pers. Commun. , 2017, 97 （3）: 3587 – 3599.

［42］ A. Zhang, Y. Yuan, Q. Wu, Sh. Zhu, and J. Deng. Wireless localization based on RSSI finger-print feature vector ［J］. J. Distrib. Sens. Netw. , 2015, 11 （11）: 1 – 7.

［43］ Z. Ezzati Khatab, V. Moghtadaiee, and S. A. Ghorashi. A fingerprint-based technique for indoor localization using fuzzy least squares support vector machine ［J］. Proc. Iranian Conf. Elect. Eng. , 2017: 1944 – 1949.

［44］ M. Youssef and A. Agrawala. Handling samples correlation in the Horus system ［J］. Proc. 23rd Annu. Joint Conf. IEEE Comput. Commun. Soc. , 2004: 1023 – 1031.

［45］ S. He and S. -H. G. Chan. Wi-Fi fingerprint-based indoor positioning: recent advances and com-parisons ［J］. IEEE Commun. Survey Tut. , 2016, 18 （1）: 466 – 490.

［46］ O. M. Elfadil, Y. M. Alkasim, and E. B. Abbas. Indoor navigation algorithm for mobile robot u-sing wireless sensor networks ［J］. Proc. Int. Conf. Commun. Control Comput. Electron. Eng. , 2017: 1 – 5.

［47］ B. Yang, J. Xu, J. Yang, and M. Li. Localization algorithm in wireless sensor networks based on semi-supervised manifold learning and its application ［J］. Cluster Comput. , 2010, 13 （4）: 435 – 446.

［48］ H. Dai, W. Ying, and J. Xu. Multi-layer neural network for received signal strengthbased indoor localisation ［J］. IET Commun. , 2016, 10 （6）: 717 – 723.

［49］ X. Wang, L. Gao, S. Mao, and S. Pandev. CSI-based fingerprinting for indoor localization: A deep learning approach ［J］. IEEE Trans. Veh. Technol. , 2017, 66 （1）: 763 – 776.

［50］ J. Tang, Ch. Deng, and G. Huang. Extreme learning machine for multilayer perceptron. IEEE Trans. Neural Netw. Learn. Syst. , 2016, 27 （4）: 809 – 821.

［51］ J. Liu, Y. Chen, M. Liu, and Zh. Zhao. SELM: Semi-supervised ELM with application in sparse calibrated location estimation ［J］. Neurocomputing, 2011, 74 （16）: 2566 – 2573.

［52］ J. P. Nobrega and A. L. I. Oliveria. Kalman filter based method for online sequential extreme learning machine for regression problems ［J］. Eng. Appl. Artif. Intell. , 2015, 44: 101 – 110.

［53］ R. Savitha, S. Suresh, and H. J. Kim. A meta-cognitive learning algorithm for anextreme learning machine classifier ［J］. Cogn. Comput. , 2014, 6 （2）: 253 – 263.

［54］ X. Lu, H. Zou, H. Zhou, L. Xie, and G. Haung. Robust extreme learning machine with its appli-cation to indoor positioning ［J］. IEEE Trans. Cybern. , 2016, 46 （1）: 194 – 205.

［55］ Y. Gu, Y. Chen, J. Liu, and X. Jiang. Semi-supervised deep extreme learning machine for Wi-Fi based localization ［J］. Neurocomputing, 2015, 166: 282 – 293.

［56］ W. Xue, W. Qiu, X. Hua, and K. Yu. Improved Wi-Fi RSSI measurement for indoor localization ［J］. IEEE Sensor J. , 2017, 17 （7）: 2224 – 2230.

［57］ J, Wang, X. Zhang, Q. Gao, H. Yue, and H. Wang. Device-free wireless localization and activity recognition: A deep learning approach ［J］. IEEE Trans. Veh. Technol. , 2017, 66 （7）: 6258 – 6267.

［58］ I. Goodfellow, Y. Bengio, and A. Courville. Deep Learning. Cambridge ［M］. MA, USA: MIT Press, 2016.

［59］ B. A. Olshausen and D. J. Field. Sparse coding with an overcomplete basis set: A strategy employed by V1? ［J］. Vis. Res. , 1997, 37 （23）: 3311 – 3325.

［60］ G. Huang, Q. Zhu, and C. Siew. Extreme learning machine: A new learning scheme of feedforward neural networks ［J］. Proc. IEEE Int. Joint Conf. Neural Netw. , 2004: 985 – 990.

［61］ D. I. Shuman, S. K. Narang, P. Frossard, A. Ortega, and P. Vandergheynst. The emerging field of signal processing on graphs ［J］. IEEE Signal Process. Mag. , 2013, 30, （3）: 83 – 98.

［62］ G. Sun and W. Guo. Robust mobile geo-location algorithm based on LS-SVM. IEEE Trans ［J］. Veh. Technol. , 2005, 54 （3）: 1037 – 1041.

［63］ Digi XBee Application Note: Homepage of Digi International Inc. , https: //www. digi. com/pdf/xbee% 20zigbee% 20migration% 20guide. pdf (accessed June 2017) .

［64］ Han B, Joo SW, Davis LS. Adaptive resource management for sensor fusion in visual tracking ［J］. Theory and applications of smart cameras. Springer Netherlands. 2016: 187 – 213.

［65］ Z. Yang, C. Wu, Z. Zhou, X. Zhang, X. Wang, and Y. Liu. Mobility increases localizability: A survey on wireless indoor localization using inertial sensors ［J］. ACM Comput. Survey, 2015, 47 （3）, 54: 1 – 54: 34.

［66］ L. Li, G. Shen, C. Zhao, T. Moscibroda, J. – H. Lin, and F. Zhao. Experiencing and handling the diversity in data density and environmental locality in an indoor positioning service ［J］. Proc. ACM 20th Annu. Int. Conf. Mobile Comput. Netw, 2014: 459 – 470.

［67］ E. Martin, O. Vinyals, G. Friedland, and R. Bajcsy. Precise indoor localization using smart phones ［J］. Proc. ACM Int. Conf. Multimedia, 2010: 787 – 790.

［68］ M. Atia, A. Noureldin, and M. Korenberg. Dynamic onlinecalibrated radio maps for indoor positioning in wireless local area networks ［J］. IEEE Trans. Mobile Comput. , 2013, 12 （9）: 1774 – 1787.

［69］ He, Suining, Chan, S. – H. Gary. Tilejunction: Mitigating signal noise for fingerprint-based indoor localization ［J］. IEEE Transactions on Mobile Computing, 2016, 15 （6）: 1554 – 1568.

［70］ B. Wang, S. Zhou, L. T. Yang, Y. Mo. Indoor positioning via subarea fingerprinting and surface fitting with received signal strength Pervasive Mob ［J］. Comput. , 23 （C）, 2015: 43 – 58.

［71］ A. M. Hossain, W. -S. Soh. A survey of calibration-free indoor positioning systems ［J］. Computer Communications, 2015, 66: 1-13.

［72］ S. Sorour, Y. Lostanlen, S. Valaee, K. Majeed. Joint indoor localization and radio map construction with limited deployment load ［J］. IEEE Trans. Mob. Comput. 2014, 14 (5): 1031-1043.

［73］ Azril HANIZ, Gia Khanh TRAN, Ryosuke IWATA, Kei SAKAGUCHI, Jun-ichi TAKADA, Daisuke HAYASHI, Toshihiro YAMAGUCHI, Shintaro ARATA. Propagation Channel Interpolation for Fingerprint-Based Localization of Illegal Radios ［J］. IEICE Transactions on Communications, 2015, 98, 12: 2508-2519.

［74］ Tao YU, Azril HANIZ, Kentaro SANO, Ryosuke IWATA, Ryouta KOSAKA, Yusuke KUKI, Gia Khanh TRAN, Jun-ichi TAKADA, Kei SAKAGUCHI. A Guide of Fingerprint Based Radio Emitter Localization Using Multiple Sensors ［J］. IEICE Transactions on Communications, 2018, 101 (10): 2104-2119.

［75］ Z. E. Khatab, A. Hajihoseini, S. A. Ghorashi. A Fingerprint Method for Indoor Localization Using Autoencoder Based Deep Extreme Learning Machine ［J］. IEEE Sensors Letters, 2018, 2 (1): 1-4.

第3章　基于信号的消防员定位系统

随着无线通信技术的迅猛发展，定位导航系统中使用的信号媒介也日益丰富。目前国内外定位系统中通常使用的信号媒介包括 GPS、超声波、光学、红外线、RFID（射频识别）、WLAN（无线局域网）、蓝牙、UWB（超宽带）和蜂窝通信网。这些信号能否用于火灾环境需要进行火灾实验来检验。

3.1　火灾实验

3.1.1　实验环境及工具

IEEE 802.11 最初是 IEEE 制定的一个无线局域网 WLAN 标准，主要用于解决办公室局域网和校园网中，用户与用户终端的无线接入。经过十多年的发展，如今已经成为一支庞大的 IEEE 802.11 协议族，包括 802.11a、802.11b、802.11c、802.11d、802.11e、802.11g 等。德国 Hofmann 等对 IEEE802.11a、IEEE 802.11b、IEEE 802.11n、蓝牙以及 IEEE 802.15.4 进行了火场对比实验，如表 3.1 所示。

表 3.1　实验所采用的 WLAN 技术

技术	原始传输速率	频率	厂商
IEEE802.11a	54Mbit/s	5GHz	Cisco
IEEE802.11b	11 Mbit/s	2.4GHz	Orinoco
IEEE 802.11n	108 Mbit/s	2.4GHz	Belkin
蓝牙	723 kbit/s	2.4GHz	Acer
IEEE 802.15.4	250 kbit/s	2.4GHz	Moteiv

蓝牙是第一个面向低速率应用的标准，原始的 802.15.1 标准基于蓝牙 1.1，在目前大多数蓝牙器件中采用的都是这一版本。802.15.2 是对蓝牙和 802.15.1 的一

些改变，其目的是减轻与802.11b和802.11g网络的干扰。这些网络都使用2.4GHz频段，如果要同时使用蓝牙和WiFi（802.11b），就需要使用802.15.2或其他专有方案。802.15.4也称ZigBee，属于低速率短距离的无线个局域网。它的设计目标是低功耗（长电池寿命）、低成本和低速率。速率可以低至9.6kbit/s，不支持话音。

实验在法国巴黎附近的Villeneuve St Georges消防支队训练基地的一个隧道系统内进行，如图3.1所示。这个隧道内宽1.5m、高2m，建筑材料主要是砖石，发射装置固定安装在T处，此处可以从入口2进入。接收装置从入口3进入，在R_1到R_3之间移动。起火点假设在发射和接收装置之间的F处。从起火点到接收装置R_1的距离是25m，发射装置和接收装置之间的最大距离是50m。

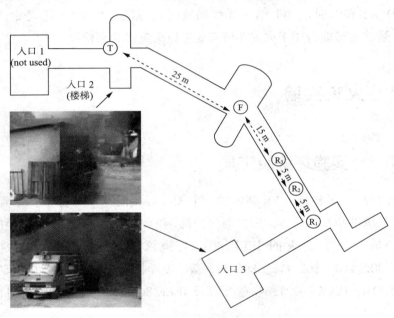

图3.1　实验场景

为了测试IEEE802.11和蓝牙装置的性能，实验所采用的工具是Iperf。Iperf是专门用来测试网络性能的工具，具有多种参数和UDP特性，可以报告带宽、延迟抖动和数据包丢失等。对于IEEE 802.15.4仅测试能否通信及温度和湿度对它的影响。

3.1.2　实验结果

实验进行了三种状态下的测试：①没有起火的正常状态；②燃烧状态有浓

烟；③火焰熄灭状态有浓烟和水蒸气。

1. 正常状态

在没有起火的正常状态下测试主要是为了和其他条件下进行对比。那么在没有起火的状态下主要关注不同技术的通信范围。因此，开始的时候将接收装置靠近发射装置，启动 Iperf，然后以 1m/s 的速度将便携电脑移动至 R_1 处。测试结果显示所有采用 2.4GHz 的系统（IEEE 802.11b、IEEE 802.11n、蓝牙以及 IEEE 802.15.4）最大通信距离是 50m。而采用 5GHz 频带的 IEEE 802.11a 因更易被吸收，测试的通信距离是 25m 左右。由于 IEEE 802.11a 在正常状态下的通信距离比较短，因此在后面的测试中就没有再进行测试。

图 3.2 显示的是 IEEE 802.11b 和 802.11n 在正常状态下的网络吞吐量对比。实际测得 IEEE 802.11b 最大吞吐量是 6.5Mbit/s，随着距离增大吞吐量衰减呈阶梯状，到 50m 处降到低于 1Mbit/s。IEEE 802.11n 最大吞吐量是 35Mbit/s，到 50m 处也衰减到低于 1Mbit/s。

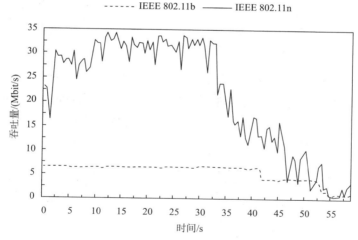

图 3.2 IEEE 802.11b 和 802.11n 在正常状态下的网络吞吐量

图 3.3 展示的是 IEEE 802.11b 和 802.11n 在未起火阶段信号的抖动状况。可以看到，在离发射装置比较近的时候，IEEE 802.11b 的抖动基本上都在 3.5ms 左右，802.11n 的抖动基本低于 1ms。随着距离增大到 40m 之后两者的抖动都开始剧烈起来。IEEE 802.11b 的最大抖动是 10ms，802.11n 的最大抖动是 18ms。

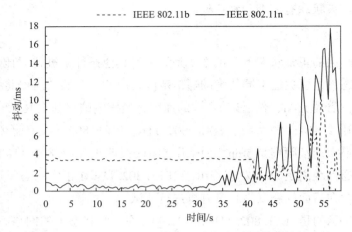

图 3.3　IEEE 802.11b 和 802.11n 在未起火阶段信号的抖动状况

配置 Iperf 的传输速率为 700kbit/s，距离发射端很近的时候，蓝牙的最大吞吐量是 630kbit/s。随着距离增加吞吐量逐渐减小，距离为 50m 的时候减小到 120kbit/s 左右。蓝牙的抖动在距离近的时候是 5～20ms，随着距离增加抖动剧烈，到 50m 处抖动最大达到 80ms。

2. 燃烧伴有浓烟状态

在燃烧状态②下，F 起火后很快整个隧道内弥漫着浓烟。这也是火灾现场的典型状态。实验中，一个消防员带着便携电脑以及测量装置分别在 R_1、R_2、R_3 处进行数据采集。为了进行对比实验配置，Iperf 的传输速率为 6Mbit/s，在状态①即没有起火的时候实验结果发现 R_1、R_2、R_3 处测得的吞吐量结果大致相同，见表3.2。

表3.2　未起火时 R_1、R_2、R_3 处的网络吞吐量　　　　　Mbit/s

项目	平均	最小	最大	标准偏差	置信区间95%的标准偏差
R_1	5.97	4.96	7.06	0.32	0.05
R_2	5.97	4.77	7.46	0.17	0.03
R_3	5.57	1.69	6.84	0.86	0.15

而在状态②即有燃烧伴有浓烟的状态实验结果如表3.3 所示。

表3.3　燃烧伴有浓烟的状态的网络吞吐量　　　　　Mbit/s

项目	平均	最小	最大	标准偏差	置信区间95%的标准偏差
R_1	5.73	3.06	7.10	0.68	0.12
R_2	5.47	0.00	7.55	1.57	0.26
R_3	5.97	5.08	6.91	0.14	0.01

从实验的结果看，正常无火状态和燃烧状态下吞吐量的差别不大，也就是说起火后火焰燃烧和浓烟对网络吞吐量的影响不大。

表3.4显示的是在正常状态下 IEEE 802.11n 报文往返时间和抖动在 R_1、R_2 和 R_3 处的对比。

表3.4　IEEE 802.11n 正常状态下报文往返时间和抖动在 R_1、R_2 和 R_3 处的对比　　ms

项目		平均	最小	最大	标准偏差	置信区间95%的标准偏差
R_1	RTT	3.28	1.00	14.00	3.64	1.14
	Jitter	3.83	2.89	8.61	0.53	0.08
R_2	RTT	4.59	1.00	26.00	6.24	1.80
	Jitter	0.37	0.00	3.88	0.91	0.14
R_3	RTT	3.60	1.00	21.00	5.11	1.49
	Jitter	0.85	0.00	3.38	0.80	0.14

表3.5显示的是在燃烧状态下 IEEE 802.11n 报文往返时间和抖动在 R_1、R_2 和 R_3 处的对比。

表3.5　IEEE 802.11n 在燃烧状态下报文往返时间和抖动在 R_1、R_2 和 R_3 处的对比　　ms

项目		平均	最小	最大	标准偏差	置信区间95%的标准偏差
R_1	RTT	4.13	1.00	24.00	6.24	1.93
	Jitter	1.64	0.00	3.99	1.56	0.28
R_2	RTT	4.35	1.00	29.00	6.01	1.43
	Jitter	5.30	2.51	68.73	6.83	1.15
R_3	RTT	4.77	1.00	34.00	7.14	1.92
	Jitter	2.02	0.00	5.36	1.71	0.10

从表3.4可以看出报文的返回时间在 R_1、R_2 和 R_3 处的差别不大，基本都在 $3\sim5$ms。同样，由表3.5结果看来，火焰燃烧和浓烟对报文返回时间的影响也不大。正如图3.3所示，在正常状态下，距离比较近的地方如 R_2、R_3，IEEE 802.11n 的抖动不超过 1ms，到 R_1 处距离为 50m 时抖动增大到 3.8ms。在火焰和浓烟状态下，抖动略微有所增加，在 R_2 处增大到 5.3ms。

对于 802.15.4 没有进行以上实验，但是在火焰和浓烟状态的通信也是没有问题的。

3. 火焰熄灭有浓烟和水蒸气状态

在状态③，只对 IEEE 802.11b 进行了实验。配置 Iperf 以 6Mbit/s 的传输速率发送 UDP 数据包。

　　表 3.6 是在火焰燃烧和浓烟状态下网络的在 R_1、R_2 及 R_3 处的吞吐量,表 3.7 是在火焰熄灭有浓烟和水蒸气状态下的网络吞吐量。从表 3.6 来看,在状态②,网络吞吐量在 R_1、R_2 和 R_3 处的变化不大。然而从表 3.7 来看,水蒸气对网络吞吐量的确有影响。在 R_2 处,水蒸气使吞吐量下降到 4.27Mbit/s,当移动到 R_1 处距离 50m 时,通信失败,如表 3.7 和图 3.4 所示。

表 3.6　火焰燃烧和浓烟状态下的在 R_1、R_2 及 R_3 处的网络吞吐量　　　　Mbit/s

项目	平均	最小	最大	标准偏差	置信区间 95% 的标准偏差
R_1	5.98	5.74	6.04	0.06	0.01
R_2	5.99	5.86	6.04	0.05	0.01
R_3	5.65	0.73	6.73	1.02	0.09

表 3.7　火焰熄灭有浓烟和水蒸气状态下的网络吞吐量　　　　Mbit/s

项目	平均	最小	最大	标准偏差	置信区间 95% 的标准偏差
R_1	通信失败	—	—	—	—
R_2	4.27	0.00	23.00	2.86	0.52
R_3	N/A	—	—	—	—

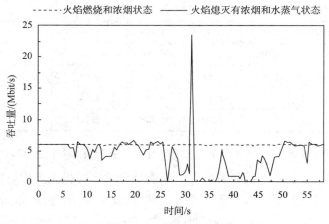

图 3.4　IEEE 802.11b 在燃烧状态和火焰熄灭状态下吞吐量的对比

　　水蒸气对于抖动也有同样的影响,在 R_2 处抖动达到最大值 105ms,如图 3.5 及表 3.9 所示。但是水蒸气对报文返回时间的影响不大,在表 3.8 和表 3.9 中,返回时间变化不大。

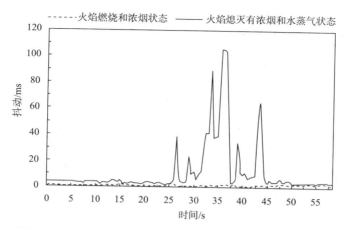

图 3.5 IEEE 802.11b 在燃烧状态和火焰熄灭状态抖动对比

表 3.8 IEEE 802.11b 在燃烧状态报文往返时间和抖动在 R_1、R_2 和 R_3 处的对比 ms

项目		平均	最小	最大	标准偏差	置信区间95%的标准偏差
R_1	RTT	N/A	—	—	—	—
	Jitter	2.63	0.11	4.01	1.30	0.16
R_2	RTT	2.06	2.00	4.00	0.31	0.08
	Jitter	1.45	0.11	3.58	0.91	0.16
R_3	RTT	2.03	2.00	3.00	0.17	0.04
	Jitter	3.40	0.00	13.14	1.45	0.12

表 3.9 IEEE 802.11b 在火焰熄灭状态报文往返时间和抖动在 R_1、R_2 和 R_3 处的对比 ms

项目		平均	最小	最大	标准偏差	置信区间95%的标准偏差
R_1	RTT	—	—	—	—	—
	Jitter	—	—	—	—	—
R_2	RTT	2.15	2.00	9.00	0.96	0.26
	Jitter	11.55	1.61	105.69	20.35	3.67
R_3	RTT	2.00	2.00	2.00	0.00	0.00
	Jitter	N/A	—	—	—	—

3.1.3 结论

（1）在隧道系统中测得采用 2.4GHz 频带的无线技术比 5GHz 频带的无线技

术通信范围要大。

（2）火焰燃烧和浓烟并不影响 2.4GHz 频带无线技术的通信。

（3）水蒸气在很大程度上影响传输质量包括网络吞吐量及传输范围及增加抖动。

尽管水蒸气使得通信范围下降了大概20%，但是在40m处通信仍然是可行的，在一般的室内应用它足够。随着距离增大到最大通信范围处，抖动急剧增加。因此，对于声音的通信可能会有问题。通过声音通信解决的方案有两种：一种是丢掉高频抖动的数据包，另一种是在解译信号之前给这种高频抖动缓冲一段时间。前者的缺点是信息丢失；后者的缺点是通信延迟增加。如果延迟低于150ms，声音的通信质量还是很不错的，延迟到400ms，声音通信只能说可行。在本次的试验中，水蒸气产生的延迟仅仅在100ms左右。因此，即使接收装置处产生 100ms 的延迟，仍然有足够的时间维持很好的声音通信质量。

因此，结论是 2.4GHz 频带的无线技术可以用于火灾现场。

3.2　LIAISON

为了满足消防员对室内定位系统的严格要求，欧洲提出了 LIAISON 计划来选择最适合消防员需求的定位技术方案。其中之一的设计方案就是利用 TOA 技术的室内测距跟踪系统。该系统利用现有的 WLAN 的基础设施，WLAN 网络具有高速通信、部署方便的特点。经过测试，该系统的定位精度可达 0.9m（66% 的置信区间）。

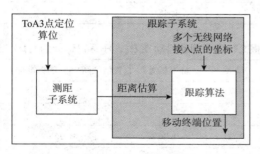

图 3.6　系统定位示意图

从图 3.6 可以看出，该系统主要分为两个部分，一是测距，二是跟踪。下面详细介绍系统的这两部分。

3.2.1　测距

假设移动终端到 AP（无线网络接入点）的距离为 a，那么 a 可以通过测量无线信号到达时间进行估算：

$$a = c \cdot t_p = c \cdot TOA \qquad (3-1)$$

然而 TOA 很难测得准，尤其是当终端时钟和 AP 时钟不一致的时候。M. Ciurana 等通过测量信号返回的时间给出了 IEEE802.11 节点之间距离估算的方法。

$$a = c \cdot \left(\frac{RTT_a - RTT_0}{2} \right) \cdot \left(\frac{1}{f_{CLK}} \right) \qquad (3-2)$$

其中，RTT_0 是移动终端和 AP 在一起时的信号返回时间，RTT_a 是移动终端和 AP 之间有一定距离即距离为 a 时信号的返回时间，f_{CLK} 是 WLAN 网卡的钟频。试验收集了 300 组 RTT 测量数据，移动终端到 AP 的可视距离从 3m 到 30m。结果显示，用 $\eta - \left(\frac{\sigma}{3} \right)$ 来对进行估算 RTT_a 得到的精度最好，于是上式可以进一步修改：

$$a = c \cdot \left(\frac{\left(\eta - \dfrac{\sigma}{3} \right) - \eta_0}{2} \right) \cdot \left(\frac{1}{f_{CLK}} \right) \qquad (3-3)$$

最后，采用了概率密度函数来表示系统精度的完整特性。在固定距离是 11m 的时候，采用了 500 组数据进行直方图均一化处理，发现最适合的分布是高斯分布其中 $\eta = 11.12\text{m}$，$\sigma = 0.84\text{m}$。

3.2.2 跟踪

利用时间参数估计信号源的位置至少需要三个参考点，这些参考点的位置是已知的。

定位原理见图 3.7，在图 3.7 中 AP_1、AP_2、AP_3 是三个参考 AP 点，S 是定位移动终端位置的真值，S′是移动终端估算的位置。参考节点至移动终端的距离已估算出。然后以 AP 节点为圆心，以移动终端和 AP 之间的距离为半径画圆，三个圆的交点处即为移动终端所在的位置。每一个 AP 节点都可以得到一个定位方程，每个移动终端和 AP 节点的关

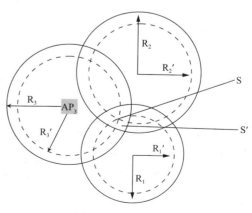

图 3.7 定位原理图

系可以通过方程组的形式表示出来，从而估算出移动定位节点的位置 S'。通过图 3.7 中可以清楚看出移动终端与参考点之间的相互位置关系。

卡尔曼滤波是最常用的跟踪算法之一。

应用卡尔曼滤波进行定位解算，最重要的是建立系统的状态方程和观测方程。

系统状态方程：

$$X_k = AX_{k-1} + W \qquad (3-4)$$

式中，X_k 是 k 时刻的状态向量，A 为状态转移矩阵，W 是噪声向量。

系统观测方程：

$$Z_k = HX_k + V \qquad (3-5)$$

其中，Z_k 是系统观测向量，H 为量测矩阵，V 为噪声向量。在这里，W 和 V 是互不相关的零均值白噪声序列。

根据上述滤波方程的数学描述及相关的统计特性，按照一组卡尔曼滤波方程，即可根据估计值和观测值，得到最优估计值。具体递推方程如下：

预测方程：

$$\hat{X}_{k/k-1} = \phi_{k/k-1}\hat{X}_{k-1} \qquad (3-6)$$

协方差误差预测方程：

$$P_{k/k-1} = \phi_{k-1}P_{k-1} \cdot \phi_{k-1}^T + G_{k-1} \cdot Q_{k-1} \cdot G_{k-1}^T \qquad (3-7)$$

滤波增益方程：

$$K_k = P_{k/k-1} \cdot H_K^T \left(H_k \cdot P_{k/k-1} \cdot H_k^T + R_k \right)^{-1} \qquad (3-8)$$

协方差误差估计方程：

$$P_k = \left(P_{k/k-1}^{-1} + H_K^T \cdot R_k^{-1} \cdot H_k \right)^{-1} = \left(I - K_k H_k \right) P_{k/k-1} \qquad (3-9)$$

状态估计计算方程：

$$\hat{X}_K = X_{k/k-1} + K_k \left(Z_k H_k \hat{X}_{k/k-1} \right) \qquad (3-10)$$

从递推方程可知，卡尔曼滤波算法包括两个递推环路，一个是从 $\hat{X}_{k-1}$ 到 $\hat{X}_k$ 的计算，该过程得到的 $\hat{X}_k$ 为滤波器的主要输出量。另一个是 P_{k-1} 到 P_k 的计算，它为计算 $\hat{X}_k$ 提供了滤波增益矩阵 K_k，同时该过程输出的 P_k 还是评判滤波器估计性能好坏的主要标准，将 P_k 的主对角线各元素求取平方根，就是各个被估计状态的估计误差的均方值，它的数值就是统计意义上衡量估计精度的直接依据。

改进算法 kalman-1 首先假设移动终端以 $v = 1\text{m/s}$ 的速度在室内移动，那么转移矩阵 $\boldsymbol{A}$ 便不会随时间改变，协方差矩阵 $\boldsymbol{Q}$ 只和时间 T 和 v 有关。

$$\boldsymbol{Q} = \begin{pmatrix} (V \cdot T)^2 & 0 \\ 0 & (V \cdot T)^2 \end{pmatrix} \tag{3-11}$$

改进算法 kalman-2，假设移动终端以直线运动并假设前 2 个时刻的位置已知，并且以同样的速度和方向运动。那么下一时刻的位置便可估算出，如图 3.8 所示。根据卡尔曼滤波的预测方程将预测方程稍做修改。考虑到这个过程运算复杂，也可以用牛顿最小二乘法来完成迭代。

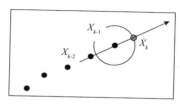

图 3.8　kalman-2 的预测方程几何改进

在实验测试中，选择 $50\text{m} \times 50\text{m}$ 的室内空间，4 个 AP 分别位于 4 个角落。理想的状态是移动终端在室内作匀速直线运动而且 GDOP（几何精度因子）较好。然而在实际情况下，几何精度因子并不理想。因此，在实验中，让移动终端作匀速直线运动，但是每隔一段时间改变一次运动方向，有的运动方向 GDOP 很差。如图 3.9 所示。

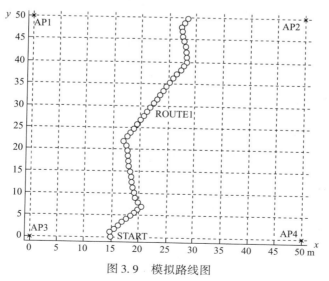

图 3.9　模拟路线图

图 3.10 显示的是不同点处的 GDOP 和平均定位误差和方差。改变方向处用红色标出。为了避免初现边缘效应，选择第 6 个点的数据做为初始数据。从图上看出，牛顿三边测量法的误差接近 1m 或者高于 1m。kalman-1 在某些时候优于kalman-2。在随着方向改变 GDOP 变差后，kalman-1 能够基本保持精度不变，而kalman-2 受影响较大。然而，即使受到 GDOP 的影响，kalman-2 的误差也不超过1m。kalman-2 比 kalman-1 易受方向改变的干扰是因为预测方程中 kalman-2 有严格的方向预测步骤，然而在不考虑 GDOP 影响的情况下，kalman-2 比 kalman-1 的精度要高，大概在 0.7m。而且，kalman-2 的定位误差的方差也是最小的。

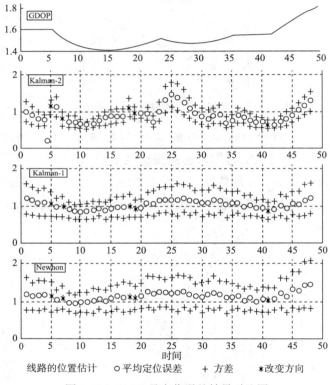

线路的位置估计　○平均定位误差　+ 方差　*改变方向

图 3.10　GDOP 及定位误差结果对比图

图 3.11 显示的是移动终端实际的运动轨迹及牛顿最小二乘法和 kalman-2 进行跟踪的估算轨迹。可以看出牛顿最小二乘法相比 kalman-2 不太规则，而 kalman-2 则更加平滑接近实际轨迹。

图 3.12 是在更加接近实际的运动模型中得出的绝对定位误差累计分布函数，该运动模型为：

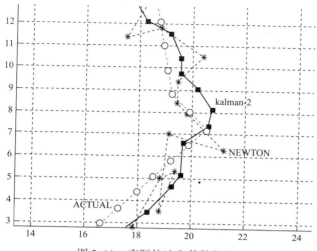

图 3.11 实际轨迹和估算轨迹

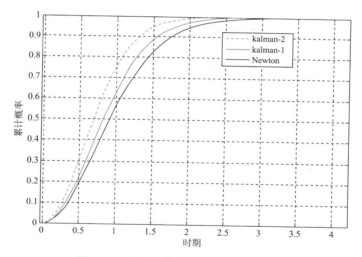

图 3.12 绝对定位误差的累计分布函数

（1）运动方向的改变服从几何随机分布；

（2）移动终端运动速度随机分布，且均值为 1m/s，方差为 0.2m/s；

（3）方向改变最大不超过 30°。从图 3.12 中可以看出 kalman-2 的精度最好，置信区间在 66% 时，误差在 0.9m，置信区间在 90% 的时候达到 1.4m。而牛顿最小二乘法在置信区间为 66% 和 90% 的时候，误差分别是 1.2m 和 1.8m。

该系统下一步的研究是针对多径干扰问题及由 2 维平面定位扩展到 3 维平面定位。还要考虑当 AP 参考点小于 3 个的情况下的定位问题等。

3.3 SmokeNet

美国加州柏克莱大学（Berkeley）正在进行一个 Fire Information and Rescue Equipment 的专案计划。此计划为一套改善现今消防救灾系统的软硬件平台，利用无线传感器网络 SmokeNet 对消防员进行跟踪，搭配其自行开发的 FireEye 防火面罩，能动态地感知火场蔓延状况，并自动地计算出正确且安全疏散路径，见图 3.13。此专案主要由三个子专案所组成：FireEye、SmokeNet、及 eICS。其中 SmokeNet 主要由无线传感器网络所组成，以下我们对 SmokeNet 进一步介绍。

SmokeNet 是一个动态的无线传感器网络，由四种不同的无线模组所组成：smoke detector、spotlight、消防员（firefighter）、和 eICS，其中 eICS 为硬体部分。

每种不同的模组都有不同的功能：smoke detector 传感器模组可以侦测室内的温度变化及火场浓烟情形，由烟雾及温度感测器所组成；spotlight 模组为三个 LED 灯所组成，主要装设于房间的出入口或出口通道，当消防人员或居民欲进入时，能以视觉上的信号来通告紧急信息，绿灯表示当前通道为安全通道，红灯时危险通道，黄灯表示当前系统有故障，如图 3.14 所示。消防队员具备行动能力，每位消防队员上都携带有一个 Telos Mote、一个小型可穿戴的电脑及一个 FireEye 消防员防火面罩。

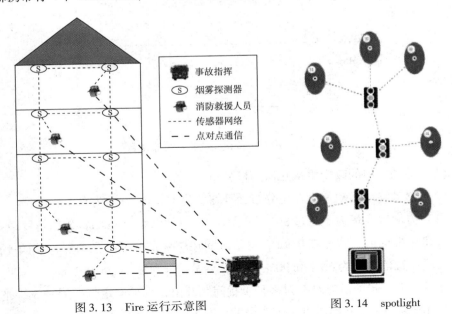

图 3.13　Fire 运行示意图　　　　图 3.14　spotlight

🔲	事故指挥
Ⓢ	烟雾探测器
🔲	消防救援人员
- - -	传感器网络
— —	点对点通信

当消防队员进入一个装设有 SmokeNet 的大楼时，SmokeNet 能消防队员的识别位置信息，且能经由无线传感器网络传达其他消防队员的位置信息及火场位置信息。而消防队员身上所穿戴的无线传感器更能随时监控消防队员的心跳速率及救灾现场的氧气浓度，并且将此信息传达给其他的消防队员。这些透过无线传感器网络传达至消防队员的信息，或者由消防队员身上穿戴的传感器所探测到的信息，都可以呈现在 FireEye 防火面罩上，借此能让消防人员更正确地掌控救灾现场，除了加速救灾确保居民安全外，同时也能维护救灾人员的安危。图 3.15 为 FireEye 消防队员防火面罩的产品图。

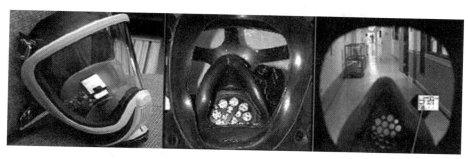

图 3.15　FireEye 消防队员防火面罩

在大楼里预先部署的节点采用 Chipcon 公司的 Telos Sky 无线传感器，以 2.4G 的无线通信方式连接，节点的传输速率为 250kbps，广播的频率为 40Hz。这些节点在平时正常状态的时候，每隔 5min 经由多跳网络向监控中心传回一次信息包含节点的健康状况如电池状况以及房间的平均温度，自主开发的软件能够让房间里的感烟探头每隔 10s 检查一次房间里烟雾状况，结合感烟探头和无线传感器网络节点的共同作用能够更加有效地探测火灾。监控中心实时对多跳网络的节点的健康状况进行监控。一旦节点检测到火灾，那么节点会向其他节点发出预警信息让多跳网络的其他节点都进入预警状态。在预警状态下，节点就会每隔 5s 检查一次房间的状况，然后每隔 2min 传回一次信息到监控中心。

节点的部署一般情况而言是按照一个房间一个信标节点进行部署，走廊每隔 9m 部署一个信标节点，如图 3.16 所示。当然还要考虑特殊的建筑材料，内部装饰布置等。每个节点具有唯一的标识符并且这个标识符中包含楼层信息，使得消防员头盔 FireEye 和 eICS 界面能很快定位到正确的楼层。除了信标节点还有专门的传输节点，用来收集消防员的位置信息，消防员传送的简短文本以及消防员和指挥官之间的其他信息传输。这些传输节点以树形结构部署，指挥官处节点是树形结构的根节点，而每层走廊处节点是叶子节点。

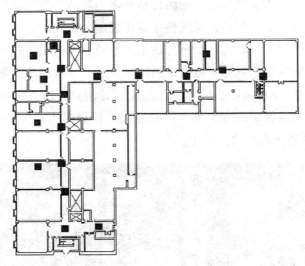

图 3.16　信标节点分布图

　　消防员身上的移动节点和随身携带的微型计算机互连，在微型计算机上还可以运行程序与指挥官进行通信交流。指挥官处的节点也是他所携带的便携电脑连通的。和消防员携带移动传感器节点进入到大楼后，移动节点首先进入校正模式来捕获大楼里信标节点的信号强度、连接质量、电池电量，以及信道数据等，然后将这些数据记录在哈希表中。为了对消防员进行跟踪，这些移动节点不间断地对信标节点的信号进行监听，每隔 2s 刷新一次记录。

　　这套系统是专门为大型建筑如高层建筑及仓库等设计的，节点都是预先部署好的以便消防员进入大楼前可以对整个大楼进行预览包括安全通道、消防栓等安全设施情况。芝加哥市已经委托所有超过 24m 的高层建筑负责人必须提供电子版各楼层平面图用于紧急状态下救援行动。因此，楼层的基本信息如大门、墙壁、房间、楼层编号、走廊、消防栓位置等都要在 CAD 的平面图上体现出来，并在 eICS 上以及消防员的个人电脑上加载上这些平面图。另外，为以防万一，楼层的平面图也可以直接通过 Wifi 或 WiMax 从消防车的电脑上下载到消防员的个人电脑上。在消防员的个人电脑上，这些 CAD 的底图是独立的，只是位置信息会随着消防员的移动而更新。

　　这个系统经常被问及"如果节点被烧掉怎么办"，答案是这个传感器网络节点是分布式的，而不是依靠某一个中心服务器节点。如果节点是分布式的，那么即使有节点被烧掉，整个网络还是能和消防员及 eICS 进行通信。当这些节点以最高能量进行工作时，它的传输距离最大可达 125m。

当然，建筑物的材料，特别是金属或者水，都会使信号严重衰减。在这种情况下，消防员所携带的移动节点可以起到桥接的作用重新组网。通常情况下并不需要增加节点，4~5 个同伴就能进行组网，进入大楼之后，经过训练的消防员在移动过程中和同伴保持一定距离即可很快组成移动网络。另外，从节点发射的信息能够保存到指挥官或消防员的微型电脑上，从失效节点最后发出的信息中可以分析节点失效的原因。例如，如果是因为温度过高导致被烧毁的节点发出的信息中会有节点温度的记录，从而可以推断节点是否被烧毁。

定位测试选在 6 层楼高的 Etcheverry 大厦面积约 3200m²，建筑材料主要是钢筋混凝土。

数据采集是通过试验人员携带的便携电脑上带有移动节点，试验人员在每一个测试点停留 10min。试验采集时还保持平时正常人员流动状况。网络还可以通过在无人的时候及所有门都关上后的状态进行校正。在无人的状态，系统的定位精度要高得多，因为人员走动或者开门都会使信号减弱。

测试点如图 3.17 所示，分别是房间 2117 内、北消防栓处、南消防栓处及 2169 门外。SmokeNet 定位的结果见表 3.10。X 方向朝东，Y 方向朝南。从结果中可以看出，房间 2117 内的定位精度最高，定位精度最差在房间 2169 门外，尤其是 X 方向。

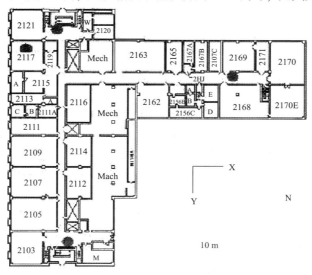

图 3.17 4 个测试点的分布情况

表 3. 10　SmokeNet 在 Etcheverry 大厦定位结果　　　　　　m

项目	房间 2117		北消防栓		南消防栓		2169 房间旁边走廊	
	X	Y	X	Y	X	Y	X	Y
平均定位位置	8.4	17.7	19.1	10.6	22.6	75.4	68.3	24.1
实际位置	8.8	15.6	17.8	8.6	21.0	76.3	71.6	22.9
标准偏差	0.3	0.4	0.6	0.4	1.2	0.4	3.2	0.1
最大偏移量	1.2	2.3	3.2	2.9	4.5	1.8	10.9	1.4

　　在 X 方向的大厅走廊每隔 10m 一个信标节点，测试中，走廊两侧的铁制房门周期性开启关闭，这会导致信号传播受干扰，人员自由进出，人体含有 70%的水分会吸收信号，因此 X 方向上的精度会比较差。而南北消防栓处精度差不多，这两处附近都有电梯，测试中，电梯里有大量的人员进出。而房间 2117 是关闭状态，无人员进出，因此精度最高。

　　移动定位是让消防员戴着 FireEye 头盔背上便携电脑从房间 2117 一直走向南消防栓处，中间不停留。实验结果显示，对消防人员的跟踪滞后 2s 左右。定位也相应落后 4m。

　　图 3. 18 显示的是网络丢包率和距离的关系，2 个节点之间的距离为 1m 时，丢包率为 9%，当距离超过 22m 后，丢包率显著增加，距离为 30m 时，丢包率达到 54%，这会导致延迟达到 4.4s。那么指挥官就会看到消防员的位置是每隔 4 ~ 5s 更新一次。因此建议节点之间布设的距离最好不超过 20m。

　　eICS 可以发送简短文字符号信息给消防员，并能对消防员最近 20min 的轨迹进行回放。如图 3. 19 所示，这是 eICS 给指挥官提供的工作界面，它不仅支持指挥官对资源的调集、人员的指挥，而且还能获取到每一层消防员的氧气供给状况及心跳。一旦消防员保持静止状态 30s 或者没有心跳数据，eICS 将会报警。

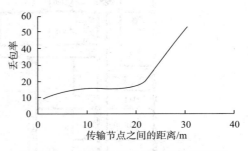

图 3. 18　一跳网络丢包率和距离的关系

　　目前 Fire 系统仍处于原型阶段，在不断进行实验室测试和消防员的实地验证。虽然目前的精度和可信度能满足消防员在火灾现场的需求，但是仍然还有工作要做，例如给消防员提供更多的信息帮助他们更有效地完成任务。

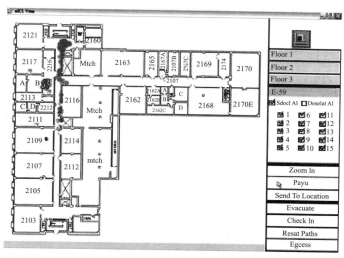

图 3.19 eICS 实时跟踪界面

3.4 超宽带定位系统

法国航空公司 Thales 开发了一套室内定位系统 IPS（Indoor Positioning System），并在英国汉普郡（Hampshire）的消防部门成功进行了实验。该系统使用 UWB 信号对进入火场消防员佩戴的终端进行相对定位，然后通过 Wi-Fi 网络将位置信息传输到室外的消防车上。消防部门的消防车上装备有无线电发射装置并能建立自组织网络。通过 RTT 测量信号的延迟，发射装置和接收装置之间的距离可以精确得到。用来定位的消防车上还配备有 GPS，结合 GPS 的绝对定位和 UWB 信号的相对定位，火灾现场消防员的坐标即可计算出来。

为了弥补普通无线电信号容易产生多径效应的问题，超宽带技术便应运而生。超宽带技术（Ultra-wideband，UWB），又称为脉冲无线电技术，是一种全新的、与传统通信技术有极大差异的通信新技术。它不需要使用传统通信体制中的载波，而是通过发送和接收具有纳秒或纳秒级以下的极窄脉冲来传输数据，从而具有 GHz 量级的带宽。超宽带可用于室内精确定位，例如战场士兵的位置发现、机器人运动跟踪等。

超宽带系统与传统的窄带系统相比，具有穿透力强、功耗低、抗多径效果好、安全性高、系统复杂度低、能提供精确定位精度等优点。因此，超宽带技术可以应用于室内静止或者移动物体以及人的定位跟踪与导航，且能提供十分精确的定位精度。

美国伍斯特理工学院研究所研究的个人精确定位系统（Precision Personnel Locator，简称 PPL）。目标是给进入火灾现场的消防员提供亚米级的定位和跟踪技术，而且不需要提前在建筑物内进行任何部署。PPL 系统包括发射机，接收机和基站，消防员背负着发射机，接收机安装在消防车上如图 3.20 所示。每个发射器广播带宽覆盖了 550～700MHz 由大约 100 个未曾调制载波组成的多载波宽波段信号（MC-UB），每个接收单元将这个信号下变频到 30～180MHz，然后对每个通道用 400Mbps 的 ADC 进行数字化，再接着进行快速傅里叶变换，接收机将频域数据封包成以太网数据送往基站数据中心，如图 3.21 所示。早期的设计使用有线，而这在火灾中是根本不适用的，现在使用的是 802.11。

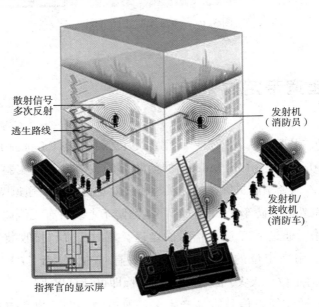

图 3.20　PPL 系统运行示意图

早期的 PPL 版本只考虑静止目标定位，2008 年该系统加入了惯导元件对移动目标进行跟踪。利用卡尔曼滤波算法对目标进行跟踪解算，结合惯导元件和 UWB，PPL 系统的精度可达到 0.14m。目前这个系统还在不断改进，比如最近的改进是调整接收天线的分布来减少多路径效应导致的误差。

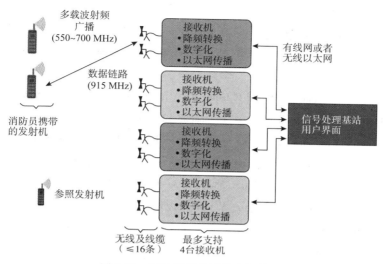

图 3.21　PPL 系统各部分之间关系

3.5　本章小结

采用类似 IEEE 802.11 协议的窄带信号在复杂的室内环境中会受到多径效应的影响导致定位精度下降。为了抑制多径效应，超宽带技术也逐渐用于室内定位，但是超宽带定位精度也取决对于建筑物材质及内部结构。总而言之，所有基于信号的定位系统的定位精度和可靠信依赖于参考站点的数量和空间分布。在应急救援处置过程中，往往时间紧迫难以布置足够的参考站，有些系统直接将参考站布置在消防车上到火灾现场直接可以启用。但是在实际的操作过程中，这些直接安装在消防车上的参考站还是相对较少，比如说高层建筑火灾时候，消防车的参考站就有可能距离不够。因此，基于信号的定位系统平均定位精度能够达到 3m 基本可行。

参考文献

[1] Philipp Hofmann, Koojana Kuladinithi, Andreas Timm-Giel, Carmelita Görg, Christian Bettstetter, François Capman and Christian Toulsaly. Are IEEE 802 Wireless Technologies Suited for Fire Fighters [J]. 12th European Wireless Conference 2006 – Enabling Technologies for Wireless

Multimedia Communications, Athens, Greece, 2006: 1 – 5.

[2] M. Ciurana, F. Barcelo-Arroyo and S. Cugno. A novel TOA-based indoor tracking system over IEEE 802. 11 networks [J]. 16th Ist Mobile and Wireless Communications Summit, July 2007: 1 – 5.

[3] M. Ciurana, F. Barcelo-Arroyo and F. Izquierdo. A ranging system with IEEE 802. 11 data frames [J]. Proc. IEEE Radio and Wireless Symposium, 2007: 133 – 136.

[4] J. Wilson et al. . Design of monocular head-mounted displays for increased indoor firefighting safety and efficiency [J]. Helmet-and Head-Mounted Displays X: Technologies and Applications. Proceedings of the SPIE, 2005, 5800: 103 – 114.

[5] Steingart, D. , Wilson, J. , Redfern, A. , Wright, P. , Romero, R. , & Lim, L. Augmented cognition for fire emergency response: An iterative user study [J]. Foundations of Augmented Cognition, 2005: 1105 – 1114.

[6] X. Hu, L. Yang and W. Xiong. A Novel Wireless Sensor Network Frame for Urban Transportation [J]. IEEE Internet of Things Journal, 2015, 2 (6): 586 – 595.

[7] H. Dämpfling. Design and Implementation of the Precision Personnel Locator Digital Transmitter System [D]. Master's Thesis, WPI, 2006.

[8] R. J. Duckworth, H. K. Parikh, W. R. Michalson. Radio Design and Performance Analysis of Multi Carrier-Ultrawide band (MC-UWB) Positioning System, Institute of Navigation, National Technical Meeting, San Diego, CA, Jan. 26, 2005.

[9] D. Cyganski, J. Duckworth, S. Makarov, W. Michalson, J. Orr, et al. , WPI Precision Personnel Locator System [J]. Institute of Navigation, National Technical Meeting. San Diego, CA, Jan 2007.

[10] V. Amendolare, D. Cyganski, R. J. Duckworth, S. Makarov, J. Coyne, H. Daempfling, B. Woodacre. WPI Precision Personnel Location System: Inertial Navigation Supplementation [J]. Position Location and Navigation Symposium (PLANS) 2008, Monterey, California, May 2008.

[11] A. Cavanaugh, M. Lowe, D. Cyganski, R. J. Duckworth. WPI Precision Personnel Location System: Rapid Deployment Antenna System and Sensor Fusion for 3D Precision Location [J]. ION ITM 2010, Session A4: Urban Indoor Navigation Technology, January 25 – 27, 2010, San Diego, CA.

[12] L. Ojeda, J. Borenstein. Non-GPS navigation for security personnel and first responders [J]. The Journal of Navigation, 2007, 60: 391 – 407.

[13] E. Foxlin. Pedestrian tracking with shoe-mounted inertial sensors [J]. Computer Graphics and Applications, IEEE 25 (6), 2005: 38 – 46.

［14］ Q. Ladetto, In step with INS, in：GPS World Magazine, B. Merminod（Eds.）, Available：http：//www. gpsworld. com/gpsworld/article/articleDetail. jsp? id = 34954n&pageID = 1.

［15］ J. Saarinen, J. Suomela, S. Heikkil, M. Elomaa, A. Halme. Personal navigation system ［J］. The IEEE/RSJ International Conference on Intelligent Robotsand Systems, Sendai, Japan, 2004：212 – 217.

［16］ Product presentation of honeywell DRM. Available：http：//www. ssec. honeywell. com/magnetic/products. html#DRM.

［17］ J. R. Guerrieri, M. H. Francis, P. F. Wilson, T. Kos, L. E. Miller, N. P. Bryner, D. W. Stroup, L. Klein-Berndt. RFID-assisted indoor localization and communication for first responders ［J］. First European Conference on Antennas and Propagation, EuCAP, November 2006：1 – 6.

［18］ V. Renaudin, O. Yalak, P. Tome, B. Merminod. Indoor navigation of emergency agents ［J］. European Journal of Navigation, 2007, 5（3）：36 – 45.

［19］ C. Fischer, K. Muthukrishnan, M. Hazas, H. Gellersen. Ultrasound-aided pedestrian dead reckoning for indoor navigation ［J］. Proceedings of the First ACM International Workshop on Mobile Entity Localization and Tracking in GPS-Less Environments, MELT, 2008：31 – 36.

［20］ 晏登洋. 惯性/地磁组合导航技术研究 ［D］. 西北工业大学硕士学位论文, 2007：43 – 45.

［21］ O. Woodman, R. Harle. Pedestrian localization for indoor environments ［J］. Proceedings of the 10th International Conference on Ubiquitous Computing, UbiComp'08, 2008, 344：114 – 123.

［22］ D. Steingart, J. Wilson, A. Redfern, and P. Wright, Augmented Cognition for Fire Emergency Response：An Iterative User Study, Proc. of AugCog International Conference, 2005.

［23］ P. Prasad. Recent trend in wireless sensor network and its applications：A survey ［J］. Sens. Rev. , 2015, 35（2）：229 – 236.

［24］ M. Collotta, L. L. Bello, G. Pau. A novel approach for dynamic traffic lights management based on wireless sensor networks and multiple fuzzy logic controllers ［J］. Expert Syst. Appl. , 2015, 42：5403 – 5415.

［25］ M. A. Kafi, Y. Challal, D. Djenouri, A. Bouabdallah, L. Khelladi, N. Badache. A study of wireless sensor network architectures and projects for traffic light monitoring ［J］. Procedia Comput. Sci. , 2012, 10：543 – 552.

［26］ F. Ahmad, A. H. Ahmad, S. A. Mahmud, G. M. Khan, F. Z. Yousaf. Feasibility of deploying wireless sensor based road side solutions for intelligent transportation systems ［J］. Proc. Int. Conf. Connect. Veh. Expo. （ICCVE）, Dec. 2013：320 – 326.

［27］ P. Baronti, P. Pillai, V. W. C. Chook, S. Chessa, A. Gotta, Y. F. Hu. Wireless sensor networks：

A survey on the state of the art and the 802. 15. 4 and ZigBee standards ［J］. Comput. Commun. , 2007, 30 (7): 1655 – 1695.

［28］ S. He and S. – . G. Chan. Wi-Fi Fingerprint-Based Indoor Positioning: Recent Advances and Comparisons ［J］. IEEE Communications Surveys & Tutorials, 2016, 18 (1): 466 – 490.

［29］ N. Brouwers, M. Zuniga, and K. Langendoen. Incremental Wi-Fi scanning for energy-efficient localization ［J］. Proc. IEEE PerCom, 2014: 156 – 162.

［30］ A. Haeberlen et al. Practical robust localization over large-scale 802. 11 wireless networks ［J］. Proc. ACM MobiCom, 2004: 70 – 84.

［31］ M. B. Kjargaard. Indoor location fingerprinting with heterogeneous clients ［J］. Pervasive Mobile Comput. , 2011, 7 (1): 31 – 43.

［32］ C. Laoudias, D. Zeinalipour-Yazti, C. Panayiotou. Crowdsourced indoor localization for diverse devices through radiomap fusion ［J］. Proc. IPIN, 2013: 25, 28.

［33］ J. -G. Park, D. Curtis, S. Teller, J. Ledlie. Implications of device diversity for organic localization ［J］. Proc. IEEE INFOCOM, 2011: 3182 – 3190.

［34］ W. Cheng, K. Tan, V. Omwando, J. Zhu, P. Mohapatra. RSS-Ratio for enhancing performance of rss-based applications ［J］. Proc. IEEE INFOCOM, Apr. 2013: 3075 – 3083.

［35］ L. Li et al. Experiencing and handling the diversity in data density and environmental locality in an indoor positioning service ［J］. Proc. ACM MobiCom, 2014: 459 – 470.

［36］ L. -H. Chen, E. -K. Wu, M. -H. Jin, G. -H. Chen. Homogeneous features utilization to address the device heterogeneity problem in fingerprint localization ［J］. IEEE Sens. J. , 2014, 14 (4): 998 – 1005.

［37］ J. -S. Lim, W. -H. Jang, G. -W. Yoon, D. -S. Han. Radio map update automation for WiFi positioning systems ［J］. IEEE Commun. Lett. , 2013, 17 (4): 693 – 696.

［38］ T. Gallagher, B. Li, A. G. Dempster, C. Rizos. Database updating through user feedback in fingerprint-based Wi-Fi location systems ［J］. Proc. UPINLBS, 2010: 1 – 8.

［39］ Y. Kim, H. Shin, Y. Chon, H. Cha. Crowd sensing-based Wi-Fi radio map management using a lightweight site survey ［J］. Comput. Commun. , 2015, 60: 86 – 96.

［40］ D. Taniuchi T. Maekawa. Automatic update of indoor location fingerprints with pedestrian dead reckoning ［J］. ACM Trans. Embedded Comput. Syst. , 2015, 14 (2): 27.

［41］ J. Yim, S. Jeong, K. Gwon, J. Joo. Improvement of Kalman filters for WLAN based indoor tracking ［J］. Expert Syst. 2010, 37 (1): 426 – 433.

［42］ Z. Xiao, H. Wen, A. Markham, N. Trigoni. Indoor tracking using undirected graphical models ［J］. IEEE Trans. Mobile Comput. , 2015, 14 (11): 2286 – 2301.

［43］ B. Zhou，Q. Li，Q. Mao，W. Tu，X. Zhang. Activity sequence-based indoor pedestrian localization using smartphones ［J］. IEEE Trans. Human-Mach. Syst. ，2015，45（5）：562 – 574.

［44］ J. -G. Park. Indoor localization using place and motion signatures ［D］. Ph. D. dissertation，Massachusetts Institute of Technology，Cambridge，MA，USA，2013.

［45］ S. He，T. Hu，S. -H. G. Chan. Contour-based trilateration for indoor finger printing localization ［J］. Proc. ACM SenSys，2015.

第4章 基于惯性技术消防员定位技术

惯性定位技术最早在航空、航天和航海领域得到广泛应用，主要为飞机、舰船、制导武器、火箭和车辆等进行导航和跟踪，但这类惯性测量单元体积大、质量重且价格高，并不适用于个人的导航定位。随着芯片制造技术的创新，尤其是在微机电系统（MEMS）的推动下，各类惯性传感器尺寸越来越小，价格也降低许多，惯性技术也开始用于人员的导航定位。

4.1 基于惯性传感器定位技术的基本原理

基于惯性传感器的人员定位的核心是行人航位推算技术（Pedestrian Dead Reckoning），其原理是利用方向传感器和速度传感器确定单位时间内载体的方向和位置，根据前一时刻的方向和位置信息推算得到下一时刻的方向和位置。若传感器测得的距离为 a_i，角度为 θ_i，且已知的起始时刻的位置 $S_0 = (x_0, y_0)^T$，则时刻 n 的位置 $S_n = (x_n, y_n)^T$ 可由式（4-1）和式（4-2）确定：

$$S_i = (a_i\cos\theta_i, a_i\sin\theta_i)^T \tag{4-1}$$

$$S_n = S_0 + \sum_{i=0}^{n-1} S_i \tag{4-2}$$

其推算原理如图 4.1 所示。

行人航位推算技术的定位精度主要取决于初始位置和推算过程中速度和方向信息的准确性，速度和方向信息主要依靠各种传感器的测量，如加速度计、陀螺仪、磁罗盘等。在定位中，速度、距离信息主要通过加速度计获得，将加

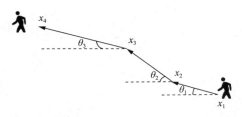

图 4.1 行人航位推算原理图

速度计测得的加速度分别做一次积分和二次积分，将得到行走的速度和距离。方向的测量主要是依靠陀螺仪或是磁罗盘，陀螺仪测得的数据为载体的相对角度信息，其中陀螺漂移是衡量陀螺仪品质的关键因素之一，而磁罗盘利用地磁场测量的角度为载体的绝对角度，这两种方向传感器可根据运用领域的特点选择分别使用或是同时使用。

　　基于惯性技术的消防员定位系统由三个部分组成：定位模块、无线通信模块和终端监控平台，如图4.2所示。其中定位模块固定在消防员的脚部，内部为惯性测量单元，其通过自带传感器实时采集消防员的位移距离、方向角及所处的高度等各种参数；无线通信模块主要将定位模块采集的数据通过无线数传的方式传送给终端监控平台，主要由无线数传电台和信号中继器组成，无线数传电台和信号中继器由消防员随身携带，信号中继器则在信号较弱地方进行放置；终端监控平台则实时监控消防员在三维空间内的行走轨迹，其根据无线数传接收终端接收到的人员位置信息，推算出人员的位置，并在三维终端监控平台上显示人员所处位置和行走轨迹，主要由后方指挥员负责实时监控。定位模块和无线数传模块中的无线数传电台在消防员身体上布置如图4.3所示。

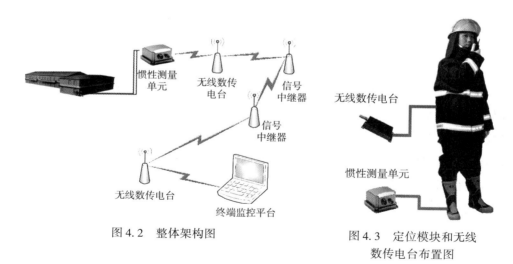

图4.2　整体架构图　　　　　　　　图4.3　定位模块和无线
　　　　　　　　　　　　　　　　　　　　　　　数传电台布置图

4.2　基于惯性传感器定位技术的特点

　　基于惯性传感器定位技术最大的特点是其完全自主的定位方式，在定位中只需依靠自身传感器测得的信息，不需要其他外界信息，就能自主地提供高频率甚至连续的实时位置信息，包括加速度、角速度、姿态、速度及位置等。其次，惯性定位技术信息采集频率高，能够实现实时描绘人员的行走轨迹。此外，惯性传感器体积小、质量轻，便于消防员的携带，且数据可通过无线传输。但由于惯性定位中需要积分运算，即便是惯性传感器测量的微小误差，随着时间或是距离的增长会造成姿态、速度和位置信息的误差不断积累。因此，选用高性能惯性传感器、提高惯性传感器设计和制造精度以及利用误差补偿手段，都将对提高现有惯性传感器的定位精度都有十分重要的意义。

4.3　各类惯性传感器在火场中的适用性分析

传感器是惯性测量单元的模块部分，整个行人的航迹推算都是依靠各类传感器获取人员的运动信息，这些传感器包括加速度计、陀螺仪、电子罗盘及高度计，下面将分别对这些传感器进行分析，确定适用于复杂灾害现场环境的惯性传感器，并利用合适的传感器完成适用于火场环境的惯性测量单元设计。

4.3.1　加速度计

加速度计是惯性测量单元的重要传感器，也是个人航迹推算中不可或缺的一部分。加速度计主要会对人体在三个轴向上的加速度进行测量，根据各个轴向的加速度确定人的运动状态，即前行、后退、左移还是右移，同时垂直加速度信息还可用来确定行走高度。此外，距离信息的获取也必须通过对加速度计测得的加速度进行积分才能获取。因此，对于惯性测量单元而言，加速度计是必须具有的传感器。

4.3.2　陀螺仪

作为惯性测量单元的重要传感器，陀螺仪主要用于测量行人运动的角速度，通过测得的角速度值来判定人的运动方向，即左转、右转等运动方式，通过对角速度积分可计算得到行人运动航向的改变值，根据给定的初始航向，便可推算得到人的运动方向值。在测量方向变化过程中，陀螺仪主要依靠测量载体绕其输入轴角的运动比例信号来获得载体坐标系相对于惯性坐标系的旋转角速度。因此，陀螺仪是一种只需要依靠自身就能够确定载体方向变化角度的传感器，对外界没有依赖，可以很好地满足复杂的灾害现场环境需求。

4.3.3　电子罗盘

电子罗盘和陀螺仪一样都是用来确定载体的航向，但不同的是电子罗盘是通过测量磁感应轴与地磁场北极方向的夹角来确定载体航向，需要依赖于外界地磁场才能运行，其航向是绝对航向，而陀螺仪是相对前一时刻的航向。从电子罗盘的测量机理可以看出，其容易受到各种磁干扰，尤其在室内磁质材料很多的环境中（如大型钢结构厂房、变电场所等）可能导致电子罗盘无法使用。因此，对于稳定性和可靠性都具有很高要求且需要经常进入室内的消防员来说，为避免外界的磁干扰造成航位推算上的误差，消防员定位系统中使用的惯性测量单元中不宜使用电子罗盘。

4.3.4　气压高度计

在惯性测量单元中，由于有些加速度计只能计算平面的加速度，所以通常会使用气压高度计来判断人的运动状态是否为登楼和所在楼层高度。在正常天气情况下，气压高度计的高度误差只有几米，但是气压高度计受其他因素影响很大：第一，外界大气环境（如风速、温度、湿度等）可能会使同一水平面上的气压发生不断变化，使气压计误差较大；第二，消防员在建筑内执行侦察、灭火、搜救等任务时，通常会利用防烟楼梯间进行登楼，其中大部分防烟楼梯间都有正压送风系统，整个楼梯间的压力会大于外界环境，这就使得气压高度计的测量结果会发生异常；第三，在灭火行动中，消防员通常处在高温环境中，这时的高温环境会改变空气压力，使气压高度计无法提供正确的楼层高度。因此，气压高度计并不适用于消防员使用的惯性测量单元或是不能单独使用于消防员定位系统中的惯性测量单元。

4.4　惯性测量单元的算法设计

惯性测量单元的核心算法主要包括三个模块，即位置估算模块、步幅检测模块及零速修正模块（ZUPT），主要用于估算人员位置、判断脚步的状态以及修正速度，减少累计误差。

4.4.1　位置估算

由于步行者在行走中会不停变换步态，惯性测量单元测得的倾斜角有时会大于90°，所以在位置估算方程中选用可以处理任何倾斜角度的四元数进行表示。

四元数 q 是一个表示步行者姿态的向量，由四个参数 a、b、c 和 d 表示，并随着角速率 ω_b 变化

$$\dot{q} = \frac{q \cdot p}{2} \tag{4-3}$$

其中，$p = [0, \omega_b], \omega_b = [\omega_x, \omega_y, \omega_z]$。

当计算出步行者姿态后，步行者加速度 a_b 可用步行航位推算系统坐标系中的加速度 a_n 计算得到：

$$a_b = \frac{a_n}{q \cdot q^*} \tag{4-4}$$

其中，q^* 是四元数 q 的共轭复数。

为了尽量减少算法带来的误差，系统还使用了优化的离散算法。速度 v_n 可以通过对消除局部重力分量 g_l 的加速度进行积分得到：

$$v_n = \int (a_n + g_l) \, \mathrm{d}t \tag{4-5}$$

最后，位置可由对速度 v_n 的积分得到：

$$p_n = \int v_n \mathrm{d}t \tag{4-6}$$

4.4.2　零速修正技术

从图4.4的实例可以看出，脚底的 A 点会与地面有一段较短的时间接触，即这段时间从 $T = 0.48\mathrm{s}$ 开始到 $T = 0.72\mathrm{s}$ 结束，假设这段时间为 ΔT，即 $\Delta T = 0.24\mathrm{s}$。在这段时间，$A$ 点相对地面是静止的，即 $V_A = 0$。

根据上述实例，由于在 ΔT 时间内 $V_A = 0$，据此可以确定在 ΔT 的某段时间内 A 点的加速度也为0。若这段时间三个轴向的速度不为0，则这个速度是由累积误差产生的。为减少这个累积误差，惯性测量单元会将速度修正为0，以避免误差累积到下一步行走中。这就是为减少惯性测量单元的累积误差而设计的"零速度修正算法"（ZUPT）。

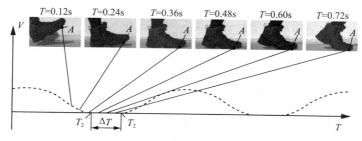

图4.4　正常行走下的脚与地面接触的关键阶段

4.4.3　步伐检测模块

为了使零速修正算法正常运行，惯性测量单元没有必要确切地知道 ΔT 的起始时间和结束时间，而只需要确定 ΔT 这段时间中速度和加速度都为 0 的一个时刻 T_s。在实际中，由于加速计漂移导致测得的实际加速度值不为 0，所以直接获取这个时刻 T_s 相对困难。通过实验发现，这个时刻 T_s 可由观察角速度矢量 ω 的 3 个轴向角速度（$\omega_x, \omega_y, \omega_z$）确定。因为在 ΔT 这段时间内，这些轴向角速度的绝对值最小，并且角速度矢量 ω 是由惯性测量单元的三轴陀螺仪确定，所以这个时刻 T_s 容易确定，并将这个经验规则运用到了如下算法中。

在算法中，将陀螺仪信号 ω_b 划分为 100 个采样点，每个采样点对应 0.5s 的数据段。采样点的数量可以变化，这主要是由于采样点的时间尽可能的小，并且持续时间最好对应于最快步速所需时间，才能保证在每个采样点都有一个 ΔT 相对应。在每个采样点，算法会计算标量 $n=100$ 的数组 ω_s。ω_s 中的每个元素是表示 ω_b 振幅的一个标量，即：

$$\omega_{s,i} = \sqrt{\omega_{x,i}{}^2 + \omega_{y,i}{}^2 + \omega_{z,i}{}^2} \tag{4-7}$$

此外，算法还将确定 ω_s 中小于阈值 Ω，符合条件的元素将组成新的数组 ω_T，其计算如下：

$$\omega_{T,i} = \begin{cases} \omega_{s,i}, \omega_{s,i} < \Omega \\ K, \omega_{s,i} \geqslant \Omega \end{cases} \tag{4-8}$$

若 $\omega_{T,i}$ 所有元素都为 K，则可以确定每个采样点都不存在 ΔT；若有一个或多个 $\omega_{T,i} \neq K$，则需要确定这里面最小的一个 K 值及其对应的时刻 T_s。通过实际测试发现，当脚还在半空停留是，算法偶尔会将其误判为已经落地，并且总的旋转速度低于阈值 Ω，为消除这种误判，算法通过观测加速度计数据确定脚的状态。

$IMU-1$ 和 $IMU-2$ 两个惯性测量单元在应用了位置估算、步伐检测和 ZUPT

等算法后，还对传感器进行了调试。以下是对包含以上算法的 IMU－1 和 IMU－2 两个惯性测量单元的定位精度以及响应时间的测试。

4.5　定位精度分析

本小节将在不同复杂程度的场景下，结合消防员在灭火救援行动中可能存在的步态，分别测试 IMU－1 和 IMU－2 两个惯性测量单元定位误差，并分析和处理所得数据，确定两个惯性测量单元的定位精度。主要测试分为以下 4 个方面：平面场景测试、立体场景测试、起伏地形场景测试以及长时间行走测试。

4.5.1　平面场景测试与分析

由于灭火救援现场环境的复杂多变，消防员会根据现场的实际情况不断变化自己步态（如跑步、行走、倒走、侧走、爬行等），还会在行走中转体或是跳跃。为确保惯性测量单元在各种步态下能够发挥作用，保证基于惯性测量单元的消防员室内定位系统的稳定有效，本次测试将对上述提到的步态分别进行平面场景测试，确定惯性测量单元能够对这些步态进行有效识别和推算。测试场景如图 4.5 所示。测试主要分为两部分：第一部分是跑步、行走、转体下行走及跳跃下行走（包括向上跳跃 10 次和向前跳跃 10 次）测试，将采取闭环路径场景测试，即从起始点出发最后回到起始点位置终止，其中 IMU－1 惯性测量单元围绕图 4.5 虚线路径进行测试，而 IMU－2 惯性测量单元则围绕图 4.5 中的塑胶跑道进行测试；第二部分为倒走、侧走及爬行测试，测试场景为图 4.5 中的百米直线跑道，测试距离为 100m。

图 4.5　测试场景图

在跑步、行走、转体下行走及跳跃下行走的闭环路径场景测试中，IMU-1惯性测量单元的测试者围绕图4.5的虚线路径进行各种步态测试，测试距离 D 为700m，测试从任一起始点开始，绕沿虚线路径测试，直至绕回到起始点结束，其中一次行走轨迹如图4.6（a）所示；IMU-2惯性测量单元测试则沿跑道进行测试，测试距离 D 为400m，测试也从任一起始点开始，绕跑道回到起始点结束，其中一次行走轨迹如图4.6（b）所示。在每个惯性测量单元测试中，每种步态分别进行3次测试。

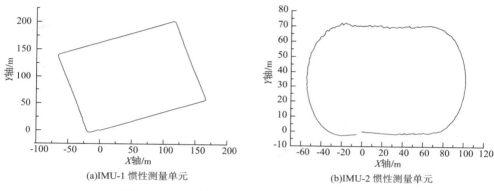

(a)IMU-1 惯性测量单元 　　　　(b)IMU-2 惯性测量单元

图4.6 两个惯性测量单元的其中一次测试轨迹

由于实际测试中起点和终点在同一位置，且起始点的坐标为（0，0），所以惯性测量单元在平面上的绝对误差 e_a 可通过终点的坐标进行确定：

$$e_a = \sqrt{x_e{}^2 + y_e{}^2} \tag{4-9}$$

其中，x_e 为终点在 x 轴上的坐标；y_e 为终点在 y 轴上的坐标。

平均绝对误差 E_a 计算公式如下：

$$E_a = \frac{1}{n} \sum_{i=1}^{n} e_{a,i} \tag{4-10}$$

平均相对误差 E_r 则利用下式进行计算：

$$E_r = 100 \frac{E_a}{D} \tag{4-11}$$

图4.7、图4.8表示的是两个惯性测量单元分别绕闭环路径测试完各步态后，终点位置（x_e，y_e）在 $X-Y$ 坐标轴上相对于起始位置（0，0）的定位误差，表4.1和表4.2为测试结果。本次测试最终位置误差受两个因素影响，其中一个是在线性位移中距离估算不准，另一个是航向测定误差。

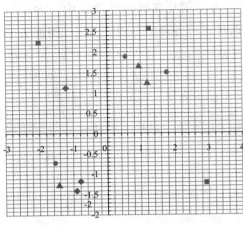
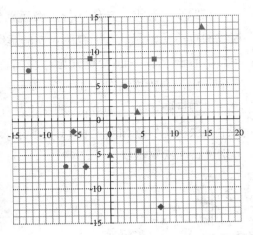

图 4.7 IMU-1 惯性测量单元的闭环路径
测试终点位置误差图
●—跳跃下行；■—转体下行走；
◆—行走；▲—跑步

图 4.8 IMU-2 惯性测量单元闭环路径
测试终点位置误差图
●—跳跃下行；■—转体下行走；
◆—行走；▲—跑步

表 4.1 IMU-1 惯性测量单元在平面闭环路径测试中平均误差

步态	序号	实际测试 距离 D/m	惯性测量单元推算 误差 e_a/m	平均绝对 误差 E_a/m	平均相对 误差 $E_r/\%$
行走	1	700	1.66	1.57	0.22
	2	700	1.65		
	3	700	1.40		
跑步	1	700	1.92	1.86	0.27
	2	700	1.75		
	3	700	1.90		
转体下行走	1	746	2.84	3.01	0.43
	2	753	3.19		
	3	741	3.01		
跳跃下行走	1	700	2.31	1.99	0.28
	2	700	1.69		
	3	700	1.97		

表4.2　IMU-2惯性测量单元在平面闭环路径测试中平均误差

步态	序号	实际测试距离 D/m	惯性测量单元推算误差 e_a/m	平均绝对误差 E_a/m	平均相对误差 E_r/%
行走	1	400	7.79	9.45	2.36
	2	400	5.72		
	3	400	14.84		
跑步	1	400	19.38	9.59	2.40
	2	400	4.40		
	3	400	4.98		
转体下行走	1	435	9.54	9.01	2.09
	2	423	11.23		
	3	439	6.25		
跳跃下行走	1	400	5.47	9.82	2.46
	2	400	9.58		
	3	400	14.42		

在倒走、侧走及爬行的直线场景测试中，测试距离 D 均为100m，每种步态测试3次。对于直线实验结果，由于实际测试中起始点的坐标为（0，0），所以惯性测量单元推算的距离可由终点坐标（x_e，y_e）确定：

$$x_i = \sqrt{x_e{}^2 + y_e{}^2} \tag{4-12}$$

平均绝对误差 X_a 计算方法如下：

$$X_a = \frac{1}{n}\sum_{i=1}^{n}|x_i - D| \tag{4-13}$$

利用下述公式计算平均相对误差 X_r（X_r 表示平均误差占行走距离的比重）：

$$X_r = 100\frac{X_a}{D} \tag{4-14}$$

表4.3和表4.4为两个惯性测量单元在倒走、侧走及爬行下的测试结果，图4.9为测试结果误差分析的柱状图。该组实验主要通过测量直线移动来评估惯性测量单元在倒走、侧走及爬行中的系统准确性，IMU-1惯性测量单元在倒走、侧走及爬行平均相对误差分别为1.02%、0.26%和0.99%，IMU-2惯性测量单元在倒走、侧走及爬行平均相对误差分别为8.48%、10.49%和9.52%。

表 4.3　IMU－1 惯性测量单元在直线场景测试中平均误差

步态	序号	实际测试距离 D/m	惯性测量单元推算误差 x_i/m	平均绝对误差 E_a/m	平均相对误差 E_r/%
倒走	1	100	101.37	1.02	1.02
	2	100	101.26		
	3	100	99.56		
侧走	1	100	100.39	0.26	0.26
	2	100	99.80		
	3	100	100.18		
爬行	1	100	100.98	0.99	0.99
	2	100	99.21		
	3	100	101.20		

表 4.4　IMU－2 惯性测量单元在直线场景测试中平均误差

步态	序号	实际测试距离 D/m	惯性测量单元推算误差 x_i/m	平均绝对误差 E_a/m	平均相对误差 E_r/%
倒走	1	100	91.97	8.48	8.48
	2	100	90.72		
	3	100	91.87		
侧走	1	100	91.47	10.49	10.49
	2	100	88.96		
	3	100	88.09		
爬行	1	100	90.46	9.52	9.52
	2	100	89.79		
	3	100	91.20		

　　在以上的闭环及直线路径的平面场景测试中，IMU－1 惯性测量单元在正常行走、跑步、转体下行走、跳跃下行走、倒走、侧走及爬行下的定位精度都远高于 IMU－2 惯性测量单元。

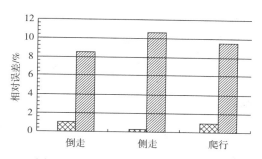

图4.9 直线场测试误差分析柱状图
⊠ IMU−1 惯性测量单元；▨ IMU−2 惯性测量单元

4.5.2 立体场景测试与分析

在惯性测量单元中，由于三个速度向量都应用了零速修正技术（ZUPT），所以不仅可以计算 $X-Y$ 平面位置，还可以测得 Z 轴上的位置。

本次将在三维空间进行测试，测试的场景为一栋带有两处防烟楼梯间的六层建筑（见图4.10），主要测试惯性测量单元在立体场景中位置估算的准确性。在本次测试中，IMU−1 和 IMU−2 惯性测量单元都将采用正常行走和跑步这两种步态进行测试，每种情况测试三次。其中，使用 IMU−1 惯性测量单元的测试者将从一层沿东侧防烟楼梯间向上爬行至六层，接着测试者穿越六层长廊到达西侧防烟楼梯间，从此处防烟楼梯间下至一层，回到起始点结束；使用 IMU−2 惯性测量单元的测试者从四层东侧的防烟楼梯间爬楼至六层，穿越六楼长廊到达西侧防烟楼梯间，接着下至一层，然后再从东侧防烟楼梯间登至四楼，回到起始点，完成一个闭环路径测试。

图4.10 测试场景

对于立体场景的测试结果，可利用式（4−7）计算出 $X-Y$ 平面绝对误差。由于起始点位置的 Z 轴坐标为 0，测试结束时仍回到终点，所以每次测试高度上的误差即为回到起始点时 Z 轴坐标的绝对值，Z 轴上的平均绝对误差用下述公式计算：

$$e_z = \frac{1}{n} \sum_{i=1}^{n} |z_{e,i}| \qquad (4-15)$$

Z 轴的平均相对误差则利用下式计算：

$$Z_r = 100 \frac{e_z}{H} \qquad (4-16)$$

式中　H——测试者在立体场景中最高点的高度。

整个立体场景总绝对误差 e_a 由下式可计算得到：

$$e_a = \sqrt{e_{x,y}^2 + e_z^2} \qquad (4-17)$$

平均相对误差 E_r 则由下式计算：

$$E_r = \frac{1}{n} \sum_{i=1}^{n} \frac{e_{a,i}}{D_i} \qquad (4-18)$$

在整个测试中，测试者都沿建筑物做一个包括上下楼梯闭环路径测试，整栋建筑高为 22.5m，所以做一次闭环测试后相当于在高度上运动了建筑高度的 2 倍，即 45m。图 4.11 为其中一次跑步登楼的测试者三维行走轨迹，图 4.12 为一个放大起始、终止区的俯视图，图中 A 点和 B 点分别代表测试者的起始点和终止点，由于实际测试中起始和终止点在完全相同的位置，所以图 4.12 中两点的距离是 $x-y$ 平面上的误差。图 4.13 和图 4.14 分别为 IMU-1 和 IMU-2 惯性测量单元在正常登楼和跑步登楼状态下的最终平面位置误差。表 4.5 为 IMU-1 和 IMU-2 两个惯性测量单元测试结果。

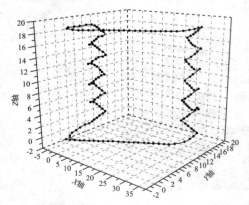

图 4.11　立体场景测试中某次
测试者 3-D 行走轨迹

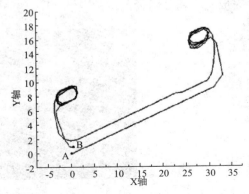

图 4.12　立体场景测试中某次
测试者行走轨迹俯视图

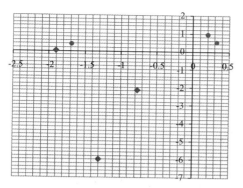

图 4.13 正常行走登楼最终平面位置误差图
●—IMU-1 惯性测量单元;
◆—IMU-2 惯性测量单元

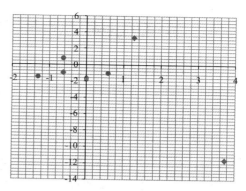

图 4.14 跑步登楼最终位置误差图
●—IMU-1 惯性测量单元;
◆—IMU-2 惯性测量单元

表 4.5 惯性测量单元测试结果

型号	IMU-1						IMU-2					
步态	正常行走			跑步			正常行走			跑步		
序号	1	2	3	1	2	3	1	2	3	1	2	3
总测试距离 D/m	211.4	212.59	215.49	216.97	218.72	215.62	207.26	206.24	205.69	201.2	201.75	208.55
总测试高度 H/m	45	45	45	45	45	45	45	45	45	45	45	45
X-Y 平面误差 $e_{x,y}$/m	1.74	0.93	0.63	1.21	1.02	1.95	2.28	6.15	1.91	3.56	1.13	12.21
Z 轴误差 e_z/m	0.43	0.26	2.07	1.05	0.67	1.56	1.19	0.10	0.21	2.18	0.30	0.22
总绝对误差 e_d/m	1.79	0.97	2.16	1.60	1.22	2.50	2.57	6.15	1.92	4.17	1.17	12.21
平均相对高度误差 Z_r/%	2.04			2.43			1.11			2		
平均相对误差 E_r/%	0.77			0.82			1.72			2.84		

在本次登楼测试中,IMU-2 惯性测量单元在正常行走及跑步状态下的误差分别为 1.72%、2.84%,而 IMU-1 惯性测量单元在两种步态下分别为 0.77%、0.82%,IMU-1 惯性测量单元定位精度仍远高于 IMU-2 惯性测量单元。

4.5.3 起伏地形闭环场景测试与分析

由于灾害现场环境复杂，消防员在室内执行灭火救援任务时，可能会遇到顶棚等构筑件坍塌情况，此时的行走路面将由水平地面变为起伏地形。因此，定位系统必须能够在起伏地形上也能精确推算消防员的行走轨迹。

本次测试主要通过爬越碎石堆来测试该状态下定位系统的性能，测试地点为碎石堆，碎石堆高约2m，由大块的碎混凝土和软土组成，场景如图4.15。由于IMU-2惯性测量单元是通过绷带固定在脚上，在起伏地形测试中易被碎石刮蹭而晃动，影响测试结果，所以此次测试只针对IMU-1惯性测量单元进行测试。在测试中，测试者将翻越碎石堆并沿一定路径回到起始点，共测试3次。IMU-1第一次测试轨迹如图4.16所示，其在平面上的误差利用式5.7进行计

图4.15 起伏地形测试场景图

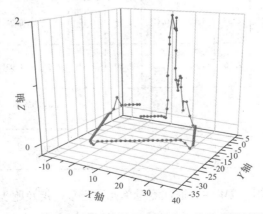

图4.16 IMU-1惯性测量单元的第一次起伏地形场景测试轨迹

算，垂直方向上误差则为终点位置上的 Z 轴坐标确定，高度的平均误差利用式（4-13）和式（4-14）可以得到。平均相对误差则可利用式（4-15）和式（4-16）计算得到。

在起伏地形测试中，由于脚下易打滑，惯性测量单元测试脚步相对比较困难。IMU-1 的测试结果具体见表 4.6，IMU-1 惯性测量单元测试平均相对误差为 0.91%。

表 4.6　IMU-1 在起伏地形闭环场景下的测试结果

序号	总测试距离 D/m	X 轴绝对误差/m	Y 轴绝对误差/m	Z 轴绝对误差/m	总绝对误差 e_a/m	平均相对误差 E_r/%
1	131	0.181	0.943	-0.187	0.98	
2	128	1.539	0.565	-0.348	1.68	0.91
3	128	-0.789	0.198	0.234	0.85	

4.5.4　长时间行走测试与分析

根据调研发现，目前消防应急部门普遍使用的空气呼吸器为 6.8L，也有少部分的使用双气瓶 6.8L 和 9L。在灭火救援过程中，空气呼吸器使用时间往往达不到理论值，6.8L 的空气呼吸器在实战中一般只能使用 20~40min。鉴于此，本次测试设计了长时间的行走测试，确定惯性测量单元在长时间行走下的定位精度。

在平面场景和立体场景中，IMU-2 惯性测量单元定位误差远大于 IMU-1 惯性测量单元。由于在长时间行走测试中，惯性测量单元会随着时间和距离的增加而产生累积误差，误差较大的 IMU-2 惯性测量单元进行长时间行走测试将没有意义，所以本次测试将只利用 IMU-1 惯性测量单元进行测试。本次将分别利用 IMU-1 惯性测量单元对正常行走、混合步态下行走（包括正常行走、跑、跳、倒走、横跨步走、跳跃以及转体）进行定位精度测试，每种情况测试 2 次，正常行走的测试路径如图 4.17 所示的白线部分，混合步态下的测试路径为图 4.18 中的白线部分。图 4.19 和图 4.20 为在两种步态下测试者的其中一次行走轨迹图，表 4.7 为本次测试结果。在数据分析时，利用式（4-18）计算绝对误差 e_a，平均绝对误差 E_a 利用式（4-17）计算，平均相对误差 E_r 则利用式（4-18）计算。

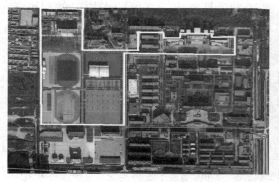

图 4.17　正常步态下长时间行走测试路径图　图 4.18　混合步态下长时间行走测试路径图

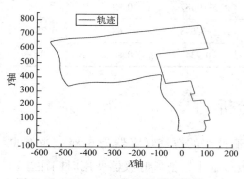

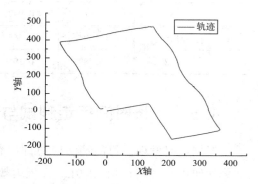

图 4.19　IMU－1 惯性测量单元的第一次　图 4.20　IMU－1 惯性测量单元的第一次
长时间正常行走轨迹图　　　　长时间混合步态下行走轨迹图

表 4.7　IMU－1 惯性测量单元的长时间行走测试结果

步态	序号	测试时长 T/s	测试距离 D/m	总绝对误差 e_a/m	平均绝对误差 E_a/m	平均相对误差 E_r/%
正常行走	1	1910	3014	20.11	17.59	0.58
	2	1950	3045	15.06		
混合步态	1	1345	1876	19.58	11.46	0.61
	2	1320	1883	12.63		

　　根据测试结果可以看出，IMU－1 惯性测量单元在 32min 左右的正常步态行走测试和 22min 左右的混合步态行走测试中误差虽达到了 17.59m 和 11.46m，但可以大体估算出消防员所在的位置。此外，消防员在火灾中进入室内作业时，由于能见度低及环境陌生等原因，其行走速度将远小于测试中的速度，所以在相同时间下行走定位误差将会更小。

4.5.5　系统响应时间分析

灭火救援行动有着很强的时效性要求，因此用于消防员的室内定位系统的响应速度要快，否则将贻误战机。基于惯性技术的定位系统通常需要利用初始点进行航位推算，所以在启动惯性测量单元时，都需要让其自行进行静态初始位置校准，这个校准过程需要一定时间。在测试定位精度过程中，也对现有的 IMU-1和 IMU-2 两个惯性测量单元的响应时间做了多次测试，具体数据见表4.8。

表4.8　惯性测量单元响应时间测试结果

传感器型号	序号	响应时间/s	平均响应时间/s
IMU-1 惯性传感器	1	9.7	9.95
	2	10.2	
	3	10.0	
	4	9.9	
IMU-2 惯性传感器	1	12.1	11.98
	2	11.8	
	3	12.1	
	4	11.9	

从测试结果可以得出，两种型号的惯性测量单元都具有较快的响应时间，IMU-1 惯性测量单元的响应速度更快，其平均响应时间为 9.95s，更能满足灾害现场快速响应的需要。

4.6　无线通信模块设计

灭火救援现场环境复杂，浓烟、高温及复杂的建筑结构环境都会对无线通信产生影响，虽然可以通过增加无线基站发射功率或是增加无线基站数量的方式能够实现复杂环境下的通信，但由于消防员需要随身携带无线通信收发装置，因此发射功率不应过大。此外，考虑到消防员灭火救援行动有着很强的时效性要求，所以也并不适合布置过多的无线通信基站。因此，基于惯性技术的消防员定位系统需要一个需要较少基站、能够快速构建、性能较好、稳定可靠且能实时不间断传输的无线数据传输方案。

4.6.1　无线通信模块设计分析

在无线通信中，当信号频率越低时，其波长越长，绕射能力越好，信号衰减损失越少，传播距离越远，但其穿射能力越弱；当信号频率越高时，其波长越短，穿射能力则越强，但其信号衰减损失的越大，绕射能力越差，传播距离也越近。因此，在消防的无线通信中，不仅要降低无线频率来提高信号在建筑物内的绕射能力，还要保证较高的无线频率来实现较大的数据传输带宽。此外，在灭火救援现场中，为了保证信号稳定、不间断，通常需要对无线信号进行中继转发，所以选用的无线通信设备都应具有相同的通信协议，以保证方便地实现多对一、一对多以及中继转发等工作方式的设置。

无线数传电台作为一种可实现远距离通信传输的方案，可以传输包括数据、数字化语音、动态图像等。由于无线数传电台便携性强，可实现内部自组网，且在复杂环境下可通过增加便携式中继器的方式实现灾害现场的全覆盖。因此，在灭火救援现场，利用无线数传电台完成位置和方向等信息传输是一种较为可行的方案。

4.6.2　无线通信模块设计

无线通信模块主要分为两部分：移动通信模块和固定通信模块。其中移动通信模块由消防员随身携带，由 YJ – 43M 无线数传电台、直流电源和惯性测量单元组成，主要负责将惯性测量单元采集的数据通过无线数传的方式传输到后方的指挥中心，其网络结构图如图 4.21 所示。

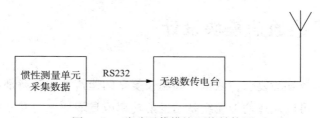

图 4.21　移动通信模块网络结构图

在移动通信模块中，数据来源于惯性传感器采集的人员姿态信息，由于惯性测量单元设有 RS232 串口，且 YJ – 43M 无线数传电台也设有 RS232 通讯接口，所以这些姿态信息可由惯性测量单元通过 RS232 接口直接传送至无线数传电台，YJ – 43M 无线数传电台和惯性测量单元端口连接如图 4.22 所示。

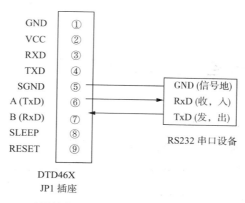

图 4.22　无线数传电台与惯性测量单元端口连接示意图

固定通信模块则放置在指挥车上或是灭火救援现场的通信指挥中心，由无线数传电台接收机及计算机组成，主要负责接收传输出来的消防员位置信息，其网络结构如图 4.23。

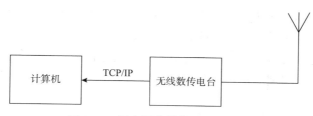

图 4.23　固定通信模块网络结构图

为实现移动和固定通信模块信息传输，还需对远端通信网络进行设计。远端通信网络由固定通信模块和移动通信模块组成。由于灭火救援现场通常会有多名消防员同时进入建筑内进行侦察、灭火等工作，此时网络规模将变大，为方便管理和保证信息安全性，应采用服务器/用户端（Station/CPE）结构的无线通信模式，其中将固定通信模块设置为服务器，将移动通信模块设置为用户端，并配置两个模块的 IP 在同一网段。

当灭火救援现场的环境较为复杂时，如在城市综合体、隧道、地铁等复杂建筑内使用，可以利用中继的方式提高无线通信系统的覆盖范围，实现灭火救援现场无线通信的全覆盖。由于大多无线数传电台可以作为中继设备，在使用中继的方式进行通信时，由消防员在信号较低的地方手动抛放无线数传电台作为中继，保证通信网络能够实时不间断地传输数据。此时移动站和固定站可采用点对点（Peer to Peer）的通信模式，中继模块间可以采用点对多点（Peer to MultiPeer）

模式进行通信。

4.7 终端监控平台设计与实现

终端监控平台主要用于快速构建二维或三维的建筑模型监视场景，在场景中实时显示消防员的位置和行走轨迹，便于后方指挥员直观获取消防员的位置信息，使其通过位置信息进行的消防员调度更具有科学性，并可通过监控信息对迷失方向的消防员进行方向引导，还可实现引导搜救被困人员等。

4.7.1 终端监控平台功能需求分析

1. 人员三维定位及轨迹模拟

利用固定于脚部的惯性测量单元获取的三维参数，在三维建筑模型中实现对消防员的准确定位和高亮标注，便于指挥员实时掌握一线人员动态。此外，利用消防员携带的定位设备传输回来的三维参数，可实现在三维建筑模型中对消防员行走轨迹的实时动态模拟，每名消防员的行走轨迹都用不同颜色描绘，便于实时监控消防员位置，当消防员进入危险区域时，可根据位置信息及时进行提醒，做好防范。

2. 消防员联动配合、人员搜救及安全退出引导

在能见度低、建筑结构复杂的灭火救援现场，利用后方指挥员监控到的消防员位置信息，可对消防员进行调度，实现消防员相互间协同作业。指挥员还可根据搜救人员的定位设备信息和被困人员的位置信息，通过对搜救人员的方向引导实现对被困人员（包括被困群众和消防员）的救助。此外，在室内作业中消防员迷失方向，或是烟雾浓度过大，无法找到撤离路线时，指挥员可根据其在建筑模型中的位置信息引导其进行安全撤离。

3. 识别已搜救过的区域

携有惯性定位设备的消防员在进入建筑内进行搜救被困人员时，由于终端平台可以实时模拟轨迹，后方指挥员即可根据三维场景中的行走轨迹确定已搜救过的区域，避免重复搜索，且无需搜救人员现场手动标记，提高搜救效率。

4. 可视化直观指挥调度

终端平台能够实时查看消防员在建筑内的内部分布情况，同时建筑内的消防员都

有其特定编号，且编号都对应消防员的基本信息，便于指挥员的现场调度和调控。

5. 快速构建二维和三维的监视场景

终端监控平台能够快速构建二维和三维的监视场景，便于监控人员直观了解室内作业消防员的位置。当着火建筑为多层建筑时，终端平台应具有三维场景构建和展示功能，能对多层建筑在短时间内进行三维建模，快速构建出三维建筑监视场景，同时还可在显示终端能够对三维建筑模型实现缩放、平移、旋转的功能，从而实现对消防员模拟轨迹的不同角度观察。当着火建筑为单层建筑（如大型厂房、体育馆、展厅等）时，此时无需构建三维场景，只需加载其二维平面结构图，利用平面结构图监视消防员所在位置。

4.7.2　终端监控平台设计

终端监控平台的设计流程如图 4.24 所示。

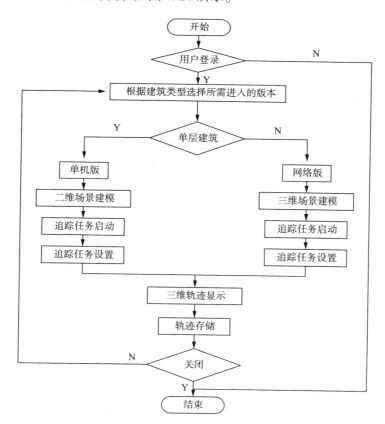

图 4.24　终端监控平台流程图

根据需求分析阶段确定的终端监控平台所需实现的功能，将功能元素分配给终端监控平台的四大模块，即初始化模块、场景建模模块、任务处理模块、数据存储与回放模块，具体设计如图4.25所示。

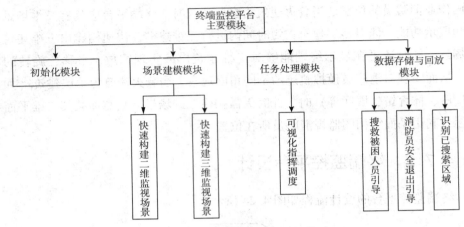

图4.25　终端监控平台模块结构图

1. 初始化模块

当用户登陆终端监控平台时，初始化模块将提供单机版和网络版供用户进行选择。此时，用户需根据火场实际情况判定着火建筑是单层建筑还是多层建筑，当着火建筑为单层建筑时，可选用单机版完成监视场景的构建；当着火建筑为多层建筑时，则需要利用网络版构建三维的监视场景。

2. 场景建模模块

场景建模模块主要用于快速构建二维或是三维的监视场景，建模通过两种方式完成，即单机版建模和网络版建模。单机版用于构建单层建筑的二维监视场景，建模中通过加载单层建筑的平面结构图来实现场景的构建；网络版用于构建多层建筑的三维监视场景，主要基于 google earth 卫星图像中的建筑轮廓图构建三维场景。

3. 任务处理模块

任务处理模块的功能是控制进入室内作业消防员随身携带的定位模块，并可对消防员的初始位置进行设置。在消防员准备进入建筑时，利用该模块连接消防员的定位模块，当有多名消防员进入建筑作业时，则连接其相应的定位模块。在连接完毕后，初始位置可通过手动输入坐标位置或是在构建完成的监视场景中手动拾取的方式进行设置。

4. 数据存储与回放模块

该模块主要用于存储和记录消防员的行走轨迹，并能够提供消防员行走轨迹回放功能，以便于在消防员遇到危险时，可根据遇险消防员的行走轨迹或是寻找最佳路径搜救遇险人员。

4.8　本章小结

本章首先结合灭火救援现场实际，分析了加速度计、陀螺仪、电子罗盘及高度计在消防员定位中的适用性，依据分析结果并利用位置估算、零速修正、步伐检测等算法设计完成了 IMU－1 和 IMU－2 两个不同的惯性测量单元，并对两个惯性测量单元分别进行了定位精度和响应时间测试，最终选定精度更高、响应速度更快的 IMU－1 惯性测量单元完成后续的系统设计。

参考文献

［1］ J. Deutschmann, I. Bar-Itzhack. Evaluation of Attitude and Orbit Estimation Using Actual Earth Magnetic Field Data［J］. Control andDynamics, 2001, 24（3）：616 － 626.

［2］ Lauro Ojeda, Johann Borenstein. Non-GPS Navigation for Security Personnel and First Responders［J］. Journal of Navigation, 2007, 60（3）：391 － 407.

［3］ SAAD M M, BLEAKLEY C J, BALLAL T, et al. High-accuracy Reference-free Ultrasonic Location Estimation［J］. IEEE Transactions on Instrumentation and Measurement, 2012, 61（6）：1561 － 1570.

［4］ R Feliz, E Zalama, J G Garcia-Bermejo. Pedestrian tracking using inertial sensors［J］. Journal of Physical Agents, 2009, 3（1）：35 － 43.

［5］ Yingzheng HONG, Yang YANG, Chunhui SUN. Elastic Correction of Altitude Errors in Indoor Location System［C］. IEEE Computer Society. Computing, Communications and IT Applications Conference. Hong Kong. 2013：79 － 84.

［6］ GB50016 － 2006, 建筑设计防火规范［S］. 北京：中国标准出版社, 2006.

［7］ Titerton D. , Westaon J. Strapdown Inertial Navigation Technology［M］. AIAA, 2004：75 － 81.

［8］ Savage P. Strapdown Inertial Navigation Integration Algorithm Design［J］. Journal of guidance, control, and dynamics, 1998, 21（1）：19 － 28.

［9］ 杜希．针对正压式消防空气呼吸器使用时间的训练研究［C］//中国消防协会．2010 中国消防协会科学技术年会论文集．北京：中国科学技术出版社，2010：648 - 650.

［10］ 吴磊．消防单兵侦察系统［D］．山东，山东大学，2011.

［11］ Muhammad, Mohd Nazrin, Salcic, Zoran, Wang, Kevin I-Kai. Indoor Pedestrian Tracking Using Consumer-Grade Inertial Sensors with PZTD Heading Correction［J］. IEEE Sensors Journal, 2018, 18（12）: 5164 - 5172.

［12］ M. Ilyas, K. Cho, S. - H. Baeg, S. Park. Drift reduction in pedestrian navigation system by exploiting motion constraints and magnetic field［J］. Sensors, 2016, 16（9）: 1455.

［13］ F. Zampella, A. R. J. Ruiz, F. S. Granja. Indoor positioning using efficient map matching, RSS measurements, and an improved motion model［J］. IEEE Trans. Veh. Technol. , 2015, 64（4）: 1304 - 1317.

［14］ Xsens-Technologies. MTi and MTx user manual and technical documentation. Tech［S］. Rep. , 2008.

［15］ A. Gelb, J. F. Kasper, R. A. Nash, C. F. Price, A. A. Sutherland. Applied Optimal Estimation［M］. The MIT Press, Cambridge, Mass, USA, 1974.

［16］ I. Skog, P. Händel, J. Nilsson, J. Rantakokko. Zero-velocity detection—an algorithm evaluation［J］. IEEE Transactions on Biomedical Engineering, 2010, 57（11）: 2657 - 2666.

［17］ H. Mart'ın. Localization and activity detection based on the fusion of environment and inertial sensors［D］. Technical University of Madrid, 2012. MEMSIC, IRIS mote datasheet, Tech. Rep. , 2008.

［18］ A. M. Bernardos, J. R. Casar, P. Tarr'ıo. Real time calibration for RSS indoor positioning systems［J］. Proceeding of the International Conference on Indoor Positioning and Indoor Navigation（IPIN'10）, Zurich, Switzerland, 2010: 1 - 7.

［19］ Y. E. Ustev, O. D. Incel, C. Ersoy. User device and orientation independent human activity recognition on mobile phones: challenges and a proposal［J］. Proceedings of the ACM conference on Pervasive and ubiquitous computing adjunct publication, ACM, Zurich, Switzerland, 2013: 1427 - 1436.

［20］ GB/T 7714

［21］ Jiuchao Q, Ling P, Rendong Y, et al. Continuous Motion Recognition for Natural Pedestrian Dead Reckoning Using Smartphone Sensors［C］// Ion Gnss. 2014.

［22］ Li, H. ; Chen, X. , Jing, G. , Wang, Y. , Cao, Y. , Li, F. , Zhang, X. , Xiao, H. An indoor continuous positioning algorithm on the move by fusing sensors and Wi-Fi on smartphones［J］. Sensors 2015, 15: 31244 - 31267.

［23］ Hoflinger, Fabian, Zhang, Rui, Fehrenbach, Patrick, Bordoy, Joan, Reindl, Leonhard, Schindelhauer, Christian. Localization system based on handheld inertial sensors and UWB［J］.

4th IEEE International Symposium on Inertial Sensors and Systems［J］. INERTIAL 2017 Proceedings, 2017: 1 − 2.

［24］ C. Fischer, H. Gellersen. Location and navigation support for emergency responders: A survey ［J］. IEEE Pervasive Computing, 2010, 9（1）: 38 − 47.

［25］ P. Bahl, V. N. Padmanabhan. Radar: An in-building rf-based user location and tracking system. in INFOCOM 2000 ［J］. Nineteenth Annual Joint Conference of the IEEE Computer and Communications Societies. Proceedings. IEEE, 2000 (2): 775 − 784.

［26］ F. Höflinger, J. Müller, R. Zhang, L. M. Reindl, W. Burgard. A wireless micro inertial measurement unit（imu）［J］. Instrumentation and Measurement, IEEE Transactions on, 2013, 62 (9): 2583 − 2595.

［27］ R. Zhang, F. Höflinger, L. Reindl. Inertial sensor based indoor localization and monitoring system for emergency responders ［J］. Sensors Journal, IEEE, 2013, 13 (2): 838 − 848.

［28］ F. Höflinger, R. Zhang, L. M. Reindl. Indoor-localization system using a micro-inertial measurement unit（imu）［J］. European Frequency and Time Forum（EFTF）, 2012. IEEE, 2012: 443 − 447.

［29］ J. − O. Nilsson, J. Rantakokko, P. Händel, I. Skog, M. Ohlsson, K. Hari, Accurate indoor positioning of firefighters using dual footmounted inertial sensors and inter-agent ranging ［C］// Proceedings of the Position, Location and Navigation Symposium（PLANS）, IEEE/ION, 2014.

［30］ G. Gamm, M. Kostic, M. Sippel, L. M. Reindl. Low Power Sensor Node with Addressable Wakeup on Demand Capability ［J］. Int. J. Sensor Networks, 2012, 11 (1): 48 − 56.

［31］ S. Beauregard, H. Haas. Pedestrian dead reckoning: A basis for personal positioning ［C］. Proceedings of the 3rd Workshop on Positioning, Navigation and Communication（WPNC' 06）, 2006, 3: 27 − 35.

［32］ H. Weinberg. An-602 using the adxl202 in pedometer and personal navigation applications ［S］. Analog Devices Inc. , Tech. Rep. , 2002.

［33］ Sorour, S, Lostanlen, Y. , Valaee, S. Reduced-effort generation of indoor radio maps using crowdsourcing and manifold alignment ［J］. Proceedings of the 6th International Symposium on Telecommunications（IST）, Tehran, Iran, 2012, 11: 3543 − 3558.

［34］ Caso, G. , de Nardis, L. , Lemic, F. , Handziski, V. , Wolisz, A. , di Benedetto, M. ViFi: Virtual Fingerprinting WiFi-based Indoor Positioning via Multi-Wall Multi-Floor Propagation Model ［J］. IEEE Trans. Mob. Comput. 2019.

［35］ Yang, J. , Zhao, X. , Li, Z. Crowdsourcing Indoor Positioning by Light-Weight Automatic Fingerprint Updating via Ensemble Learning ［J］. IEEE Access 2019, 7: 26255 − 26267.

［36］ Gao, L. , Hou, F. , Huang, J. Providing long-term participation incentivein participatory sensing ［C］. In Proceedings of the 2015 IEEE Conference on Computer Communications（INFO-

COM), Hong Kong, China, 2015: 2803 – 2811.

[37] Li, J. , Hoh, B. Sell your experiences: A market mechanism basedincentive for participatory sensing [J]. Proceedings of the 2010 IEEE International Conference on Pervasive Computing and Communications (PerCom), Mannheim, Germany, 2010: 60 – 68.

[38] Luo, T. , Tham, C. Fairness and social welfare in incentivizing participatory sensing [C]. Proceedings of the2012 9th Annual IEEE Communications Society Conference on Sensor, Mesh and Ad Hoc Communications and Networks (SECON), Seoul, Korea, 2012: 425 – 433.

[39] Faltings, B. , Li, J. , Jurca, R. Incentive mechanisms for community sensing [J]. IEEE Trans. Comput. 2014, 63: 115 – 128.

[40] Gu, B. , Liu, Z. , Zhang, C. , Yamori, K. , Mizuno, O. , Tanaka, Y. A Stackelberg game based pricing and user association for spectrum splitting macro-femto HetNets [J]. IEICE Trans. Commun. 2018, 101: 154 – 162.

[41] Xu, Y. , Low, S. H. An effcient and incentive compatible mechanism for wholesale electricity markets [J]. IEEE Trans. Smart Grid 2017, 8: 128 – 138.

[42] Tong Liu, Yanmin Zhu, Ting Wen, Jiadi Yu. Location Privacy-Preserving Method for Auction-Based Incentive Mechanisms in Mobile Crowd Sensing [J]. The Computer Journal, 2018, 61, (6): 937 – 948.

[43] Yang, D. , Xue, G. , Fang, X. , Tang, J. Incentive mechanisms for crowd-sensing: Crowdsourcing with smartphones [J]. IEEE/ACM Trans. Netw. 2016, 24: 1732 – 1744.

[44] Mochaourab, R. , Jorswieck. E. Walrasian Equilibrium in Two-User Multiple-Input Single-Output Interference Channels [C]. In Proceedings of the 2011 IEEE International Conference on Communications Workshops (ICC), Kyoto, Japan, 2011, 24: 1 – 5.

[45] Stirling R, Fyfe K, Lachapelle, Gérard. Evaluation of a New Method of Heading Estimation for Pedestrian Dead Reckoning Using Shoe Mounted Sensors [J]. Journal of Navigation, 2005, 58 (1): 31 – 45.

第 5 章　激光扫描测距仪和
惯导融合定位方法

无论是 GPS、WIFI、惯导还是超声波等定位技术，单一的室内定位技术都已经发展到极致，并且每一种定位技术都有各自的优势，也都有各自的局限性。单一的传感器很难实现复杂环境下消防员室内自主定位，多传感器的融合能实现优势互补，达到较好的定位效果。本章的主要内容是对激光扫描测距仪和惯性导航进行融合定位方法进行设计。

5.1　融合定位系统框架

融合定位技术的核心是利用激光扫描测距仪实时扫描数据和惯导传感器数据对在室内运动消防员进行融合定位的同时生成扫描增量式地图，将位置信息在扫描实时生成建筑地图中进行显示。

脚部的惯性测量单元感知人体的运动，得到相应的角速度、加速度信息，经过姿态解算得到姿态信息，并使用航迹推算算法得到位置信息。头部的惯性测量单元感知头部晃动，经过姿态解算，得到头部的运动姿态信息，激光扫描测距仪获得多组扫描，通过头部惯性测量单元，利用三维仿射变换，得到同一平面的扫描，通过扫描匹配算法求得位置信息。然后将两种不同方法得到的位置信息作为卡尔曼滤波器的输入量，得到高精度的位置信息，融合定位系统框架如图 5.1 所示。

卡尔曼滤波器可以根据状态的选择不同分为直接滤波和间接滤波，直接滤波为选用导航参数作为滤波器输入值，间接滤波是以参数误差作为滤波器输入值，这里选用直接滤波设计融合定位滤波器。

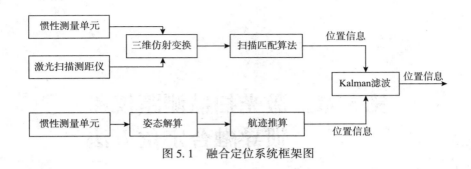

图 5.1　融合定位系统框架图

5.2　基于激光扫描测距仪的 SLAM 算法

5.2.1　RPLIDAR 系列 A1M1 型激光扫描测距仪

目前激光扫描测距仪的种类主要有日本北阳（Hokuyo）公司的 UTM 系列 30－LX 型、URG 系列 04－LX 型和德国西克（Sick）公司的 TIM 系列、LSM 系列等。在普通室内环境中，激光扫描测距仪能够完美实现机器人的同步定位与建图。激光扫描测距仪的抗烟雾环境干扰能力并没有毫米波雷达强，灾害现场的特殊环境下，激光扫描测距仪的功能会受一定的限制。这里选用的激光扫描测距仪是 RoboPeak 团队研发的 RPLIDAR 系列 A1M1 型，基本满足各类普通建筑环境下的定位需求。激光扫描测距仪与微惯性测量单元如图 5.2 所示。

图 5.2　激光扫描测距仪（左）与
微惯性测量单元（右）

RPLIDAR 系列 A1M1 型激光扫描测距仪能够对二维平面 6m 半径范围内的 360°全方位扫描测距服务；2～10Hz 可配选的扫描频率，当扫描频率为 5.5Hz，可达到每秒 2000 次采样；测距分辨率高达 2mm，角分辨度小于 1°；采用低功率（<5mW）的红外激光器作为发射源并采用调制脉冲方式，可以达到激光器安全标准等级 1，对人体安全，适用于人员佩戴；质量

188g，长 98.5mm、宽 70mm、高 68mm 具备消防员定位装备的便携要求；在调制的激光工作过程中有效避免了环境光源的干扰；配备 RS232 串口和 USB 接口，采用标准 5V 直流供电，直接输出测量结果数据供建模、地图构建及定位使用。

5.2.2 三维仿射变换

激光扫描测距仪从机器人室内定位到人的室内定位的最大跨越就是在运动时的平稳差别，机器人运动时平稳，且没有上下起伏，人体在运动时的左右晃动和上下起伏是导致前后扫描不在一个平面上的最主要原因。

激光扫描测距仪佩戴于头部，进入建筑物内，实时扫描生成室内二维平面图。由于人员在行走时头部会晃动，扫描得到的连续的扫描图不在同一个平面上，因此需要在激光扫描测距仪上固定惯性测量单元，用于感知头部的晃动，并使用三维的仿射变换，将晃动的扫描图通过角度旋转到同一平面。

设 $(x,y,0)$ 为扫描点，在全局下的相应扫描点为 (x',y',z')，则计算公式如下：

$$\begin{pmatrix} x' \\ y' \\ z' \\ 1 \end{pmatrix} = A \begin{pmatrix} x \\ y \\ 0 \\ 1 \end{pmatrix} \qquad (5-1)$$

其中 A 为旋转矩阵

$$A = R_z(\psi)R_y(\theta)R_x(\phi) \qquad (5-2)$$

式中，$R_x(\phi)$ 为绕 x 轴（横滚轴）的旋转矩阵；$R_y(\theta)$ 为绕 y 轴（俯仰轴）的旋转矩阵；$R_z(\psi)$ 为绕 z 轴（偏航轴）的旋转矩阵。其中 ϕ、θ、ψ 分别为微惯性测量单元输出的滚转角、俯仰角与偏航角。

$$\begin{cases} R_x(\varphi) = \begin{bmatrix} 1 & 0 & 0 \\ 0 & \cos\varphi & \sin\varphi \\ 0 & -\sin\varphi & \cos\varphi \end{bmatrix} \\[2em] R_y(\theta) = \begin{bmatrix} \cos\theta & 0 & -\sin\theta \\ 0 & 1 & 0 \\ \sin\theta & 0 & \cos\theta \end{bmatrix} \\[2em] R_z(\psi) = \begin{bmatrix} \cos\psi & \sin\psi & 0 \\ -\sin\psi & \cos\psi & 0 \\ 0 & 0 & 1 \end{bmatrix} \end{cases} \qquad (5-3)$$

三维仿射变换完成将激光扫描图转换到同一平面上的假设是墙面或是其他障碍物的表面是垂直的，通过三角关系进行换算得出平面的扫描距离将扫描平面图。

5.2.3　扫描匹配算法

使用扫描匹配算法对激光扫描测距仪获得的经过三维仿射变换的二维平面扫描进行匹配，以实现定位。扫描匹配算法很多，这里使用的是著名的迭代最近点算法 ICP（Iterative Closest Point）。1992 年 Besl 和 McKay 首次提出了迭代最近点算法，在次基础上，后来的研究者对 ICP 算法做了很多改进和优化。ICP 算法的主要思想是将当前时刻扫描和上一时刻扫描看作两个点集，通过最小化两时刻扫描点集中最近扫描点的距离平方和来求解两次扫描时刻之间物体的位姿变换。

取目标函数为最近点距离的平方，即：

$$E = \frac{1}{N} \sum_{i=1}^{N} \| D_i^n - R \cdot D_i^r - t \|^2 \tag{5-4}$$

$$R = \begin{bmatrix} \cos\alpha & \sin\alpha \\ -\sin\alpha & \cos\alpha \end{bmatrix} \tag{5-5}$$

其中，N 表示对应点集中对应点对的数目；D_i^n 和 D_i^r 分别表示扫描 S_n 和 S_r 中的点；R 表示旋转角为 α 的时候的旋转矩阵；$t = \begin{bmatrix} \Delta x & \Delta y \end{bmatrix}^T$ 为平移量。最小化公式（5-4）即可得到变换 $T(R,t)$。

ICP 算法的处理步骤如下：

（1）计算 S_r 中的每一个点在 S_n 中对应的最近点，这里使用点对点算法实现最近点搜索；

（2）最小化式（5-4），求得旋转矩阵和平移量，$T(R,t)$；

（3）对 S_r 使用上步求得 $T(R,t)$，得到新的变换点集；

（4）如果新的变换点集与 S_n 的平均距离小于某一给定阈值，则停止迭代计算，否则新的变换点集作为新的 S_r 继续迭代，直到满足停止迭代条件。

5.3　航迹推算

航位推算（Dead Reckoning，DR），指从一已知的坐标位置开始，根据运动体（行人、船只、飞机、陆地车辆等）在该点的运动方向、速度和运动时间，推算下一时刻坐标位置的导航过程。

已知初始点 A 的定位坐标 (x,y)、导航测量角 θ_k 及行走步长 ΔS_k，可以计算出系统下一时刻在 B 点的坐标估计值。因此在已知目标物初始位置 (x_0,y_0) 的前提下，由式（5 - 6）可以求解得到机器人在 X、Y 轴方向的行驶位移。

$$\begin{cases} X_{k+1} = X_k + \Delta S_k \sin\theta_k \\ Y_{k+1} = Y_k + \Delta S_k \cos\theta_k \end{cases} \qquad (5-6)$$

5.4　融合定位卡尔曼滤波器设计

5.4.1　卡尔曼滤波器工作原理

1960 年，匈牙利数学家 Rdolf Emil Kalman 提出了离散数据线性递归估计算法，卡尔曼滤波诞生。Stanley Schmidt 首次实现了卡尔曼滤波器，且在阿波罗飞船计划中将这种滤波器应用于飞船导航中。卡尔曼滤波的最初形式有很多限制，既要求系统是线性的，又要求干扰噪声和状态变量数据是高斯分布。Bucy 和 Sunhaara 等在此基础上研究卡尔曼滤波理论在非线性系统和非线性观测下的运用，提出了著名的扩展卡尔曼滤波器 EKF（Extended Kalman Filtering），扩展了卡尔曼滤波的使用范围。Haupt G. T 等提出了一种适用于系统方程为线性但测量方程却为非线性的两步滤波算法。

卡尔曼滤波是一种实时递推算法，对现场采集的数据（真实数据和干扰噪声）进行实时的更新和处理。以系统测量数据作为滤波器输入数据，以所需要估计值作为滤波器输出数据。滤波过程中不需要对过去的数据进行储存，只需要当时的量测值和上一时刻的估计就能给出所需信号的最优估计。图 5.3 给出了卡尔曼滤波器的工作原理。

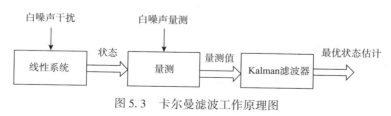

图 5.3　卡尔曼滤波工作原理图

卡尔曼滤波对象是状态描述的随机线性系统，目的是从含有噪声的量测值中估计出系统的状态值。

5.4.2　卡尔曼滤波融合定位算法

基于卡尔曼滤波模型，并考虑到导航角本身的计算精度可以满足需求，因此仅对组合导航系统的 X、Y 定位坐标作卡尔曼滤波，状态方程和观测方程如下：

1. 状态方程

$$X_k = X_{k-1} + \Delta S_{k,k-1}\sin\theta_{k-1} + \Gamma_{(k,k-1)x}W_{(k-1)x}\cdots \quad (5-7a)$$

$$Y_k = Y_{k-1} + \Delta S_{k,k-1}\cos\theta_{k-1} + \Gamma_{(k,k-1)y}W_{(k-1)y}\cdots \quad (5-7b)$$

式中　X_k、Y_k——在 X 轴、Y 轴方向的状态位置坐标，即 k 时刻的状态估计值；

X_{k-1}、Y_{k-1}——$k-1$ 时刻的状态估计值；

$\Delta S_{k,k-1}$——设定的惯性导航步长；

θ_{k-1}——$k-1$ 时刻到 k 时刻之间的计算等效导航角；

$\Gamma_{(k,k-1)x}$、$\Gamma_{(k,k-1)y}$——航迹推算过程噪声输入系数，即噪声驱动矩阵；

$W_{(k-1)x}$、$W_{(k-1)y}$——航迹推算过程噪声序列。

2. 观测方程

$$Z_{x_k} = X_k + V_{kx}\cdots \quad (5-8a)$$

$$Z_{y_k} = X_k + V_{ky}\cdots \quad (5-8b)$$

式中　Z_{x_k}、Z_{y_k}——激光测距计算得到的定位点的 x、y 坐标测量等效值；

V_{kx}、V_{ky}——系统等效噪声序列。

依据卡尔曼滤波求解步骤，融合算法的滤波估计求解过程如下：

（1）一步状态预测

$$\begin{pmatrix}\hat{X}_{k,k-1}\\\hat{Y}_{k,k-1}\end{pmatrix} = \begin{pmatrix}\hat{X}_{k-1}\\\hat{Y}_{k-1}\end{pmatrix} + \Delta S_{k,k-1}\begin{pmatrix}\sin\theta_{k-1}\\\cos\theta_{k-1}\end{pmatrix} \quad (5-9)$$

（2）状态估计

$$\begin{pmatrix}\hat{X}_k\\\hat{Y}_k\end{pmatrix} = \begin{pmatrix}(1-K_{kx}) & 0\\0 & (1-K_{ky})\end{pmatrix}\begin{pmatrix}\hat{X}_{k,k-1}\\\hat{Y}_{k,k-1}\end{pmatrix} + \begin{pmatrix}K_{kx}Z_{x_k}\\K_{ky}Z_{y_k}\end{pmatrix} \quad (5-10)$$

（3）滤波增益

$$\begin{pmatrix}K_{kx}\\K_{ky}\end{pmatrix} = \begin{pmatrix}\dfrac{P_{(k,k-1)x}}{[P_{(k,k-1)x}+R_{kx}]}\\\dfrac{P_{(k,k-1)y}}{[P_{(k,k-1)y}+R_{ky}]}\end{pmatrix} \quad (5-11)$$

（4）一步预测误差

$$\begin{pmatrix} P_{(k,k-1)x} \\ P_{(k,k-1)x} \end{pmatrix} = \begin{pmatrix} P_{(k-1)x} \\ P_{(k-1)y} \end{pmatrix} + \begin{pmatrix} \Gamma^2_{(k,k-1)x} Q_{(k-1)x} \\ \Gamma^2_{(k,k-1)y} Q_{(k-1)y} \end{pmatrix} \tag{5-12}$$

（5）滤波估计误差

$$\begin{pmatrix} P_{kx} \\ P_{ky} \end{pmatrix} = \begin{pmatrix} \left[1 - K_{kx}\right]^2 & 0 \\ 0 & \left[1 - K_{ky}\right]^2 \end{pmatrix} \begin{pmatrix} P_{(k,k-1)x} \\ P_{(k,k-1)y} \end{pmatrix} + \begin{pmatrix} K^2_{kx} R_{kx} \\ K^2_{ky} R_{ky} \end{pmatrix} \tag{5-13}$$

系统过程噪声序列与观测噪声序列可以视为均值恒定的高斯白噪声随机序列。设系统过程噪声序列方差为 Q_k，系统观测噪声序列方差为 R_k，且在整个滤波过程中，系统过程噪声序列和观测噪声序列不相关。系统初始状态 X_0、Y_0 与过程噪声序列和观测噪声序列也不相关，由激光扫描测距仪系统给定，滤波误差初始值 P_0 已知。

5.5　离线仿真定位精度对比

5.5.1　精度误差计算方法

仿真数据采集轨迹为室内螺旋轨迹，横长直径为 2.4m，竖长直径为 2.4m。初始坐标为（0，0），在螺旋轨迹中通过坐标点并设 12 个定位误差标记点（初始坐标点除外）。

定位精度仿真误差计算公式如下：

$$E = \frac{1}{N} \sum_{i=1}^{N} \sqrt{(x_i^p - x_i^b)^2 + (y_i^p - y_i^b)^2} \tag{5-14}$$

式中，N 为计算差误时的坐标个数，实际中选取了 13 个误差标记点，其中包括边缘起点 1 个，该点不计入误差计算；(x_i^p, y_i^p) 是在某种定位算法下在第 i 个误差标记点的定位坐标；(x_i^b, y_i^b) 表示第 i 个误差标记点实际坐标；

在仿真过程中，通过计算不同定位算法下行人到达误差标记点的定位坐标和误差标记点实际坐标之间漂移作为定位算法的误差，之后对 12 个误差标记点误差进行求和平均的方式得到定位算法精度误差。

5.5.2　基于激光扫描测距仪扫描匹配算法仿真

对实验数据经过三维仿射变换后使用 ICP 算法进行扫描匹配，对某相邻两次单次扫描出的室内二维平面图进行匹配的结果如图 5.4 所示。可以看出，经过 ICP 算法得到扫描图 2 相对于扫描图 1 的旋转与平移矩阵，经过变换扫描图 2 较为精确地还原到了扫描图 1，即可通过扫描图 1 时刻所在的位置，可以较为精确的得到扫描图 2 时刻所在的位置。

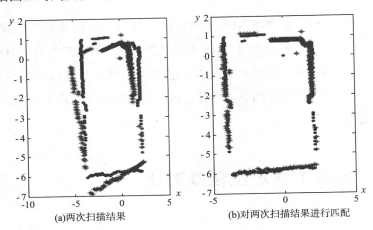

(a)两次扫描结果　　　　　　(b)对两次扫描结果进行匹配

图 5.4　使用 ICP 算法进行单次扫描匹配结果（单位：m）

• 扫描图 1；＊ 扫描图 2

要进行定位，就要对扫描图进行连续扫描匹配，连续得到当前时刻与上一时刻的位置关系，形成完整的定位轨迹，如图 5.5 所示，定位误差为 22.16cm。

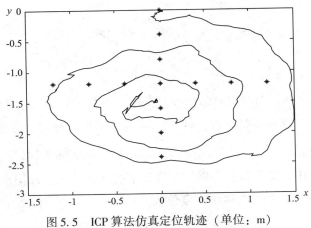

图 5.5　ICP 算法仿真定位轨迹（单位：m）

—— 激光测距仪扫描匹配定位；• 误差标记点

5.5.3　航迹推算算法仿真

航迹推算算法仿真使用的微惯性测量单元包括三轴陀螺仪、三轴加速度计。三轴陀螺仪与三轴加速度计使用的是 InvenSense 的 MPU6050 整合性 6 轴运动处理组件，通过固定行走步长 0.8m 采集仿真数据，利用惯性导航模块检测出行走的步数与行走方向，通过累积航迹推算获得定位结果。仿真数据，定位轨迹如图 5.6 所示，定位误差为 32.85cm。

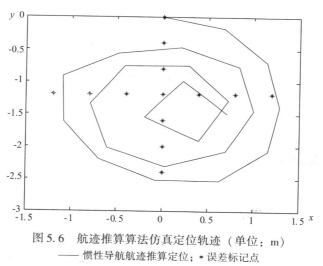

图 5.6　航迹推算算法仿真定位轨迹（单位：m）
——惯性导航航迹推算定位；·误差标记点

5.5.4　融合定位仿真

在激光扫描测距仪定位算法和惯性导航定位算法分别仿真的基础上，利用同组数据进行融合定位仿真，仿真定位结果如图 5.7 所示。其中，融合定位精度误差 18.32cm。

从上述仿真结果我们可以看到：在简单空间螺旋轨迹下，激光测距扫描仪与惯性导航都可以单独进行定位，激光扫描测距仪定位精度误差为 22.16cm，惯性导航定位精度误差为 32.85cm，融合定位精度误差 18.32cm；激光测距扫描仪定位精度高，但是算法复杂，稳定度不高，惯性导航误差相对较大，算法较为稳定，两者结合可以达到比较好的效果。

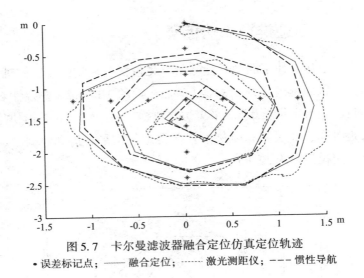

图 5.7　卡尔曼滤波器融合定位仿真定位轨迹

• 误差标记点；—— 融合定位；⋯⋯ 激光测距仪；––– 惯性导航

5.6　本章小结

本章主要对惯性导航和激光扫描测距仪两种传感器进行融合定位方法进行设计，并对单独的激光扫描测距仪匹配定位算法、航迹推算算法和融合定位算法进行了仿真比较。在稳定条件下，激光扫描测距仪定位精度高度惯性导航，融合定位方法能够使精度得到进一步提高。

参考文献

［1］C. Cadena, L. Carlone, H. Carrillo, Y. Latif, D. Scaramuzza, J. Neira, I. Reid, and J. J. Leonard. Past, Present, and Future of Simultaneous Localization and Mapping: Toward the Robust-Perception Age ［J］. IEEE Transactions on Robotics, 2016, 32 (6): 1309 - 1332.

［2］J. Engel, T. Sch¨ops, and D. Cremers. LSD-SLAM: Large-Scale Direct Monocular SLAM ［J］. European Conference on Computer Vision (ECCV), Springer, 2014: 834 - 849.

［3］R. Mur-Artal, J. M. M. Montiel, and J. D. Tardos. ORBSLAM: a Versatile and Accurate Monocular SLAM System ［J］. IEEE Transactions on Robotics, 2015, 31 (5): 1147 - 1163.

［4］A. Pumarola, A. Vakhitov, A. Agudo, A. Sanfeliu, and F. Moreno-Noguer. PL-SLAM: Real-Time Monocular Visual SLAM with Points and Lines ［J］. In International Conference in Robotics and

Automation (ICRA), IEEE. 2017: 4503 – 4508.

[5] Barfoot, T, Furgale, P. Associating uncertainty with three-dimensional poses for use in estimation problems [J]. IEEE Transactions on Robotics, 2014, 30 (3): 679 – 693.

[6] Salas-Moreno, R. F., Newcombe, R. A., Strasdat, H. SLAM + +: Simultaneous localisation and mapping at the level of objects [J]. IEEE Conference on Computer Vision and Pattern Recognition (CVPR), 2013: 1352 – 1359.

[7] Carlevaris-Bianco, N., Eustice, R. M. Generic node removal for factor-graph SLAM [J]. IEEE Transactions on Robotics, 2014, 30 (6): 1371 – 1385.

[8] Cummins, M., Newman, P. Appearance-only SLAM at large scale with FAB-MAP 2.0 [J]. The International Journal of Robotics Research, 2010, 30 (9): 1100 – 1123.

[9] Aghamohammadi, A., Tamjidi, A. H., Taghirad, H. D. {SLAM} using single laser range finder [J]. ISSN 1474 – 6670. 17th {IFAC} World Congress, 2008, 41: 14657 – 14662.

[10] Eliazar, A., Parr, R. DP-SLAM: fast, robust simultaneous localization and mapping without predetermined landmarks [J]. International Joint Conference on Artificial Intelligence, 2003.

[11] Se, S., Lowe, D., Little, J. Mobile robot localization and mapping with uncertainty using scale-invariant visual landmarks [J]. Int. J. Robot. Res. 21, 2002: 735 – 758.

[12] Frintrop, S. Visual robot localization and mapping based on attentional landmarks [J]. KI 2007, Adv. Artif. Intell. 2007, 4667: 456 – 459.

[13] Srinivasan, N. Feature based landmark extraction for real time visual slam [J]. International Conference on Advances in Recent Technologies in Communication and Computing, 2010: 390 – 394.

[14] Wang, J., Takahashi, Y. Slam on HF-band RFID system and LRF for omni-directional vehicle [J]. conference of the Robotics Society of Japan (RSJ), 2015.

[15] Park, S., Hashimoto, S. An intelligent localization algorithm using read time of RFID system [J]. Adv. Eng. Inf. 2010, 24 (4): 490 – 497.

[16] Hähnel, D., Burgard, W., Fox, D., Fishkin, K., Philipose, M. Mapping and localization with RFID technology [J]. IEEE Int. Conf. Robot. Autom. 2004, 1: 1015 – 1020.

[17] Masahiro, S., Takayuki, K., Daniel, E., Hiroshi, I., Norihiro, H. Communication robot for science museum with RFID tags [J]. J. Robot. Soc. Jpn. 2006, 24 (4): 489 – 496.

[18] Kleiner, A., Prediger, J., Nebel, B. RFID technology-based exploration and slam for search and rescue [J]. IEEE/RSJ International Conference on Intelligent Robots and Systems, 2006: 4054 – 4059.

[19] Durrant-Whyte. H, Bailey. T. Simultaneous localization and mapping: Part I [J]. IEEE Robotics & Amp Amp Automation Magazine, 6, 3 (2): 99.

[20] Cadena. C, Carlone. L, Carrillo. H, et al. Past, present, and future of simultaneous localization

and mapping: toward the robust-perception age [J]. IEEE Transactions on Robotics, 2016, 32 (6): 1309.

[21] Smith. R, Self. M, Cheeseman P Berlin, Heidelberg. Estimating uncertain spatial relationships in robotics [M]. Springer-Verlag, 1990: 435.

[22] Williams. B, Cummins. M, Neira. J, et al. A comparison of loop closing techniques in monocular SLAM [J]. Robotics & Autonomous Systems, 2009, 7 (12): 1188.

[23] Montemerlo. M S. Fastslam: a factored solution to the simultaneous localization and mapping problem [J]. American Association for Artificial Intelligence, 2002 (2): 593.

[24] Shojaie. K, Shahri. A M. Iterated unscented SLAM algorithm for navigation of an autonomous mobile robot [C]. //IEEE/RSJ International Conference on Intelligent Robots and Systems. Nice, France: IEEE, 2008: 1582.

[25] Julier. S, Uhlmann. J, Durrant-Whyte H F. A new method for the nonlinear transformation of means and covariances in filters and estimators [J]. IEEE Transactions on Automatic Control, 2000, 5 (3): 477.

[26] X. Yan, C. Zhao and J. Xiao. A novel FastSLAM algorithm based on Iterated Unscented Kalman Filter [J]. 2011 IEEE International Conference on Robotics and Biomimetics, Karon Beach, Phuket, 2011: 1906 – 1911.

[27] Chandra K P B, Gu D W, Postlethwaite I. Cubature Kalman Filter based Localization and Mapping [J]. IFAC Proceedings Volumes, 2011, 44 (1): 2121 – 2125.

[28] Bodin, B. , et al. SLAMBench2: multi-objective head-to-head benchmarking for visual SLAM [J]. 2018 IEEE International Conference on Robotics and Automation (ICRA), 2018: 1 – 8.

[29] Li, X. , Belaroussi, R. : Semi-dense 3D semantic mapping from monocular SLAM [J]. CoRR abs/2016, arXiv preprint arXiv: 1611. 04144.

[30] Mur-Artal, R. , Tardós, J. D. ORB-SLAM2: an open-source SLAM system for monocular, stereo and RGB-D cameras [J]. IEEE Trans. Robot. 2017, 33 (5): 1255 – 1262.

[31] Pillai, S. , Leonard, J. Monocular SLAM supported object recognition [J]. Proceedings of Robotics: Science and Systems (RSS), Rome, Italy, 2015, July.

[32] Whelan, T. , Leutenegger, S. , Moreno, R. S. , Glocker, B. , Davison, A. ElasticFusion: dense SLAM without a pose graph [J]. Proceedings of Robotics: Science and Systems, Rome, Italy, 2015, July.

[33] M. Rhudy, Y. Gu, J. Gross, M. R. Napolitano. Evaluation of Matrix Square Root Operations for UKF within a UAV GPS/INS Sensor Fusion Application [J]. International Journal of Navigation and Observation 2011, 11.

[34] M. M. Atia, S. Liu, H. Nematallah, T. B. Karamat, A. Noureldin. Integrated indoor navigation system for ground vehicles with automatic 3 – D alignment and position initialization [J]. IEEE

Trans. Veh. Technol. 2015, 64: 1279 – 1292.

[35] Y. Gao, S. Liu, M. M. Atia, A. Noureldin. INS/GPS/LiDAR integrated navigation system for urban and indoor environments using hybrid scan matching algorithm [J]. Sensors, 2015, 15: 23286 – 23302.

[36] X. Song, X. Li, W. Tang, W. Zhang. A fusion strategy for reliable vehicle positioning utilizing RFID and in-vehicle sensors [J]. Info. Fusion, 2016, 31: 76 – 86.

[37] Y. Tawk, P. Tomé, C. Botteron, Y. Stebler, P. – A. Farine. Implementation and performance of a GPS/INS tightly coupled assisted PLL architecture using MEMS inertial sensors [J]. Sensors, 2014, 14: 3768 – 3796.

[38] G. Falco, M. Pini, G. Marucco. Loose and tight GNSS/INS integrations: comparison of performance assessed in real urban scenarios [J]. Sensors, 2017, 17: 255.

[39] Cheng Zhao, Li Sun, Zhi Yan, Gerhard Neumann, Tom Duckett, Rustam Stolkin Learning Kalman Network: A deep monocular visual odometry for on-road driving, Robotics and Autonomous Systems [J]. 2019, 121, 103234.

[40] Gao W, Zhang Y, Sun Q, et al. Simultaneous localization and mapping based on iterated square root cubature Kalman filter [J]. Harbin Gongye Daxue Xuebao/Journal of Harbin Institute of Technology, 2014, 46 (12): 120 – 124.

第6章 消防员室内定位系统设计

在前面章节中，对定位技术进行了分析，并对激光扫描测距仪和惯性传感器进行了融合定位设计，完成了消防员是室内定位的关键技术研究。本章主要内容是对消防员室内定位系统包括定位终端、通信系统和显示控制平台进行设计。

6.1 室内定位系统架构

一个完整的消防员室内定位系统除了具备室内人员定位功能以外，还必须具备无线传输数据和业务处理（信息监控、显示、人员编辑等）功能。这里设计的定位系统主要由便携式定位终端、通信系统、现场指挥控制平台等组成，如图 6.1 所示。定位终端实现高精度的人员定位和现场环境扫描，并将信息通过蓝牙方式发送给消防员随身携带的通信系统发射单元，通信系统发射设备把信息传输给外场通信系统接收设备，最后信息在指挥控制平台实现应急救援现场的三维态势展现。

定位终端由激光扫描测距仪与惯性测量单元组成，利用卡尔曼滤波技术实现融合定位获得高精度的位置信息；通信系统选用 LTE230 通信系统，解决现场环境对信号的屏蔽作用，实现定位数据的传出和指挥控制平台反馈信息传入；指挥控制平台为系统软件，指挥员可以在平台上编辑管理人员信息，将定位位置数据直观的展现，为灭火救援现场指挥员快速决策提供依据，保障消防员生命安全。

6.2 定位终端

定位终端是消防员室内定位系统的核心部件，主要用于采集消防员室内运动数据和建筑结构扫描数据，用于解算消防员实时位置信息、运动轨迹和生成建筑结构扫描图。在第三章中，已经对惯性导航和激光扫描测距仪的融合定位算法进行了设计。

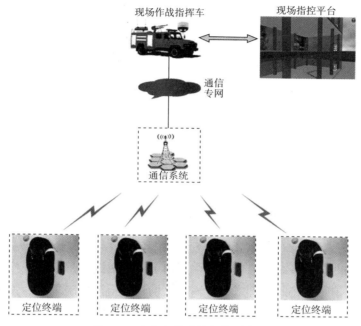

图 6.1　室内定位系统架构示意图

定位终端分为两个部分，一是佩戴于消防员脚部的惯性传感器，用于采集消防员的角速度数据和加速度数据，通过航迹推算算法确定位置；二是佩戴于消防员头部的激光扫描测距仪和惯性测量单元，雷达用于扫描室内环境生成二维平面点阵，惯性测量单元用于感知头部的晃动，通过三维仿射变化修正倾斜较小的扫描平面和删除晃动角度较大时候的扫描平面图。便携定位终端传感器布置如图 6.2 所示。

在定位装备实际工程应用中，为了减小穿戴定位终端对灭火救援行动的影响，减轻消防员携带装备的质量，简化定位终端的穿戴程序，可以将脚部惯性测量单元封装在鞋垫内形成定位专用鞋垫；头部激光扫描测距仪和惯性测量单元集成后封装于消防头盔里形成定位专用头盔。当灭火救援现场有定位需求时，只需要穿上加有定位鞋垫的战斗靴和佩戴定位专用头盔即可。定位终端装备佩戴示意图如图 6.3 所示。

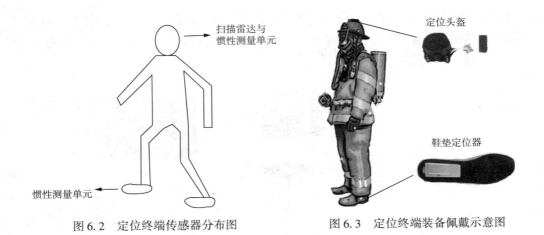

图 6.2 定位终端传感器分布图　　　　图 6.3 定位终端装备佩戴示意图

6.3　通信系统

　　消防员室内定位系统的通信系统主要用于定位数据信息传输，接收定位终端传感器的数据信息并将其处理之后传输至火场外的指挥控制平台。灾害现场环境复杂、条件苛刻，因此消防员室内定位系统需要一个能够快速启用、抗屏蔽、稳定不间断传输的通信方案。

6.3.1　通信系统设计分析

　　消防员佩戴便携终端进入着火建筑物后，数据信息需要通过通信系统向外传输，信号需要穿过烟火环境、建筑混凝土环境甚至部分钢结构环境，因此灭火救援复杂环境对信号的屏蔽作用是很明显的，通信系统必需具备较强的信号覆盖能力和障碍物穿透绕射能力，适用于短距离建筑环境传输。

　　在无线通信中，通常可以通过增加无线传输基站的数量和增大无线通信发射功率的方法来解决信号衰减、丢失等情况。由于定位终端和通信发射端由进入建筑内部的消防员随身携带，因此通信系统的发射功率不宜过大。火灾发生的不确定性、灭火救援行动的时效性和现场环境的复杂性都不能满足现场架设多个通信中继基站的方法。

　　在无线通信中，当信号频率越高时，波长越短，对固定障碍物绕射能力越弱，反之则反。救援现场定位的数据传输通信目的是将建筑物内的信息传输至建筑物外指挥控制平台，所以选用较低频段通信方案更能满足传输环境需求。

通信系统除了解决建筑物对无线信号屏蔽的问题，还要满足定位系统的无线数据传输速率要求。单个人员定位终端融合定位数据（惯导数据和激光扫描测距仪数据）传输量约为80B/S，按照5个内攻小组，每个战斗班组至少3人计算，通信系统至少满足1200B/S的数据传输速率要求。定位终端的数据量相对是比较小的，现有数传电台基本都能满足输出传输速率需求。

6.3.2　LTE230 通信系统

LTE230 通信系统无论在解决信号屏蔽问题、传输速率还是系统稳定性方面都满足消防员室内定位通信传输要求，可以选用其作为定位装备的通信工具。

LTE230 通信系统利用先进的 TD-LTE 通信技术定制开发的无线宽带通信系统[44]。系统基于 OFDM、自适应编码调制、自适应重传等 LTE 核心技术，运用载波聚合、频谱感知等关键技术，具有信号覆盖范围广、穿透性能强、大量用户支持、高可靠性、高速率数据传输、实时同步性能强、安全性高、频谱适应性强等优点，解决复杂环境中数据传输问题，系统的各项指标符合消防员室内定位系统的需求。其技术指标如表 6.1 所示。

表 6.1　LTE230 通信系统技术指标

技术指标	描述	技术指标	描述
工作频段	223.025～235MHz	下行峰值吞吐率	0.71Mbps
覆盖范围	3～30km	支持用户数	100
上行峰值吞吐率	1.76Mbps		

整个系统基于分布式架构设计，主要由基站、接收终端和发射终端等设备组成。基站天线：一端通过空中无线接口直接和发射终端连接，另一端和接收终端相连，起到增强信号覆盖、信号识别等功能；发射终端：直接和前端业务数据采集端连接，实现实时数据的集中上传等功能；接收终端：直接和外场业务平台连接，负责终端认证、终端 IP 识别和管理以及数据的统一交换控制和传送。

LTE230 通信系统具有以下特点：

（1）无线通信信号工作频段选用 230MHz 频段，由于频点低，具有较强的绕射能力，对建筑物障碍阴影区甚至地下室区域实现较强信号覆盖。LTE230 通信系统无线通信信号较强的覆盖能力和绕射能力满足消防员室内定位系统通信信号在建筑物内传输的需求。

（2）系统的加密机制遵照 LTE 通信技术规范，采用当代先进通信技术从系统设计完成了多级鉴权、网络传输层完成了数据加密和用户层完成 NAS 信令加密，满足无线通信系统安全传输的需要。加密技术可以解决不同定位终端的信号识别和灾害现场其他无关设备的同频信号的干扰。

（3）通过将离散窄带频谱的每一个信道视为独立的成员载波并将不连续的成员载波聚合分配给同一个用户的方法来增加通信传输带宽。整个聚合的过程在中频通过软件无线电技术实现，结合高阶调制等其他通信技术，单个终端的最大上行速率可以达到 1.76Mbps/1MHz。

6.3.3　通信系统设计

消防员室内定位系统通信系统采用 6.3.2 小节叙述的 LTE230 通信系统设计而成，主要包括两个单元——便携通信发射单元和固定接收单元。

发射单元由进入建筑物内部的消防员随身携带的，包括全志双核 A20 处理器和 LTE230 通信系统发射装置，主要作用是通过蓝牙采集定位设备原始数据并将数据处理之后由发射装置传输至建筑物外通信系统接收单元，其工作流程如图 6.4 所示。

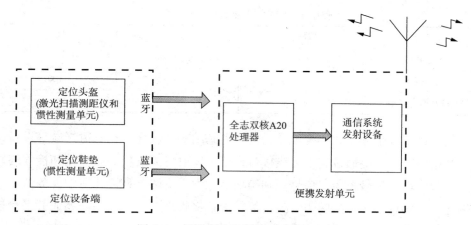

图6.4　便携通信发射单元工作流程图

定位原始数据主要包括定位头盔（激光扫描测距仪和惯性测量单元）数据和定位鞋垫（惯性测量单元）数据。由于定位头盔和定位鞋垫分别穿戴于消防员头顶和脚部，有线接线方式对消防员行动有很大的限制，所以采用无线蓝牙通信方式将传感器原始数据传输便携通信发射单元。

全志双核 A20 处理器通过集成定位算法后处理定位设备数据，将处理过的数据通传输至发射设备；全志双核 A20 处理器为开源移动处理器，遵守 GPL 协议并开放 Linux Kernel 等源代码，便于运算程序定位算法的写入。

通信系统发射设备将全志双核 A20 处理器处理过的数据通过发射天线向外发射。

接收单元可以固定在指挥车上，也可以设置为临时架设的移动式接收端，主要作用是接收发射单元传输的室内消防员的定位信息并将数据传输至指挥控制平台，其工作流程图如图 6.5 所示。

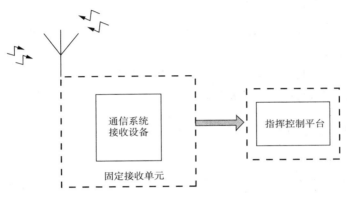

图 6.5　固定通信接收单元工作流程图

6.4　现场指挥控制平台

现场指控中心利用 LTE230 通信系统接收单元接收的定位数据，通过对救援现场建筑物内部结构布局地图生成，实时显示进入建筑物内部救援的消防员的运动轨迹和扫描所建地图，展现建筑物内消防员位置信息的综合态势，辅助指挥人员完成战术决策。

6.4.1　平台应用功能设计分析

现场指挥控制平台是灾害现场指挥员控制定位装备以及掌握消防员位置信息的平台，平台必须具备基本的定位服务功能和危险警报功能，还应该具备信息编辑的功能。

6.4.1.1　位置显示及追踪

位置信息显示功能是消防员室内定位系统最重要的功能，是将消防员的位置标注在地图模型上。当消防员在建筑物内部移动时，系统具备追踪功能，随着消防员的移动不断更新显示平台的位置信息标注，更新延迟时间不能太长。位置显示及追踪功能能够将内攻消防员动态进行实时监控显示，便于指挥员对救援现场的安全掌控和作战部署。

6.4.1.2　运动轨迹回放

轨迹回放功能是指对某位消防员的运动轨迹进行回放。当出现消防员被困遇险或消防员信号丢失时，可以通过轨迹回放确定消防员最后出现位置，以最后位置为中心点组织搜救。当消防员迷路时，可以根据轨迹回放进行安全撤退指路。在战后进行战评时可以借助轨迹回放进行战评总结。

6.4.1.3　多个目标定位显示

建筑火灾现场，特别是大型建筑火灾现场，一般都是多个消防中队协同参与救援，同时进入建筑物内部的战斗班组也不止一个，因此系统需要同时对多个消防员进行精确定位，并且能够分辨和显示每个人的定位信息，可用不同的颜色或者代号进行区别。多个目标的显示也可根据需要进行选择性的显示，当想在系统里只显示某个或部分人员时，可将其他人员进行屏蔽操作，这时系统就会只显示指定的人员。

6.4.1.4　危险警告

消防员室内定位系统是在灭火救援应急状态下启用的，现场情况比较复杂，容易发生意外事故，系统应该具备一些普通报警功能，一旦出现预先设置的危险情况，能在指挥控制平台上和消防员所佩戴终端进行声光报警提示，直到有人进行处置。

（1）低电量警告：为保证定位装备的有效运转，当消防员所佩戴定位终端的电池电量低于一个设定值（余电使用时间不超过 8min）时，系统进行"低电量"报警提示。

（2）运动停止警告：当消防员佩戴定位进入着火建筑物后，系统监控到位置数据持续 1min 没有任何变化，即视为消防员停止运动，系统立即进行"停止"报警提示。

（3）中断警告：中断报警是指在指挥控制平台对进入建筑物内消防员运动位置监控过程中，突然出现信号中断，并且在45s内没有重新连接，视为连接中断，系统立即进行"中断"报警提示。

（4）手动警报：消防员在行动过程中，如果遇到紧急情况，在系统自动触发报警之前，可以选择手动报警。

当现场指挥控制平台进行报警提示的同时，应该发生声音报警，待现场指挥人员操作手动点击"确认警告"按钮后停止报警提示，现场指挥员可以根据平台报警提示内容通过通信电台向进入建筑物内消防员确认报警为系统故障误报或者真实险情，以确保进入建筑物内的消防员生命安全。

6.4.1.5 建筑模型地图生成

地图是实现定位与导航功能的关键，传统的地图都是广域内的河流、道路、山脉、建筑物等位置分布情况。这里所采用的地图是着火建筑物内部走廊、房间、楼梯的位置分布情况，精确的环境地图是实现观测点（被定位人员）位置信息确定的前提。消防员室内定位系统作为一个完整的系统，为了适应应急响应，要将定位数据转为为直观的视图，就必须要有建筑物内部地图，用于显示消防员的及时位置和行走轨迹，便于指挥人员对所属人员状态有更直接的掌控。每一层建筑都是一个二维平面地图，地图要能够清楚的展现房间、走廊的方位和位置关系。

建筑模型生成有两种方式：一是通过网络从百度地图中提取建筑模型直接显示；二是现场指挥员根据建筑物层数、层高和外形手动快速建立建筑模型。

地图的生成方法可以分为两种，一是对于大型建筑楼宇重点单位，可以预先通过建筑CAD图纸生成精确地建筑内部结构地图，直接植入消防员室内定位系统，如果该楼发生火灾，直接调用该地图即可；二是现场扫描生成地图，通过激光扫描测距仪对消防员经过的建筑区域扫描信息和惯性测量单元的晃动修正生成粗略的扫描地图。

6.4.2 现场指挥控制平台实现

6.4.2.1 现场指挥控制平台工作流程

现场指挥控制平台功能结构主要分为三个部分，分别为任务场景管理层、人员信息管理层、任务数据处理层，如图6.6所示。任务场景管理主要功能为在网络地图上自动获取火灾建筑形状或者根据建筑外形手动绘制建筑草图并自动建模；人员信息管理层负责添加和删除使用定位设备的消防员编号信息；任务数据处理层主要功能是地图数据和定位数据的读取和处理运算。

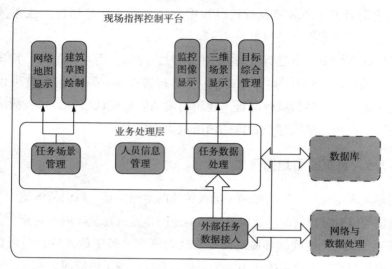

图 6.6   指挥控制平台功能结构图

6.4.2.2   现场指挥控制平台模块组件实现

指挥控制平台包括软件和硬件。其中，软件是消防员室内定位系统软件，硬件主要是便携式电脑及相关配件，能够运行相关系统软件并及时处理数据信息，要求具备数小时供电功能。

根据平台结构功能，具体设计综合管理、人员信息管理、任务管理、二维建筑草图绘制、三维场景显示、目标综合管理、数字地图显示，具体模块说明如表 6.2 所示。

表 6.2   指挥控制平台软件模块说明

模块名	模块说明
WarState	系统框架，流程管理，任务和回放过程管理。
ytk_MissionHandle-dll	任务管理界面，人员管理界面。
ytk_GoogleMapWnd-dll	WEB 宿主页面功能，地图双向调用功能。
ytk_SketchWnd-dll	草图绘制功能，建筑造型相关计算。
ytk_ManageList-dll	目标综合管理界面，目标管理，建筑管理功能。
ytk_ModelEdit	三维场景管理，三维场景驱动。

指挥控制软件在 Windows 平台下基于 MFC 图形界面应用开发框架及 Direct 3D 图形库开发，包含数据通信组件、数据处理组件、图形化界面组件、三维呈现组件等，如图 6.7 所示。

数据通信组件主要负责 PC 端指挥控制软件与定位终端的通信，接收定位终端传感器发送的原始数据，并提交于数据处理组件进行处理。

数据处理组件负责处理通信组件接收到的数据，该组件将处理结果提交三维呈现组件进行显示。

图形化界面组件主要提供可视化操作界面，用于与用户的交互，提供可视化的参数和命令输入，如图 6.8 所示。

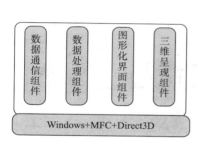

图 6.7 指控软件实现方案

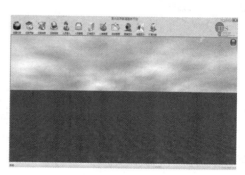

图 6.8 指控软件界面图

三维呈现组件负责实现三维虚拟建筑的生成、人员标绘及移动轨迹跟踪功能，并支持视角控制及局部放大观察功能。该组件接收数据处理组件提供的定位信息，并在虚拟建筑中进行人员位置及移动轨迹标绘，如图 6.9 所示。

（a）

（b）

图 6.9 虚拟建筑生成

图 6.10 为软件层次架构图，包括硬件层，支撑数据高速传输处理。通信层

包括一些通信协议标准。网络层包括网络连接模块用于接收来自手持终端的连接请求，并将与连接相关的信息封装为对端结构传递给连接管理模块，用于建立相应的连接管理结构。连接管理模块用于连接管理模块接收来自网络连接模块的信息，完成对连接端口的封装，添加到连接事件队列，进行整体维护与监听。数据读写模块用于接收 UI 上的命令、配置信息，然后发送给指定的手持终端。信息存储模块用于对外提供访问接口，实时显示人员坐标及状态。逻辑处理层和 UI 展示层用于完成态势融合和定位信息展示。

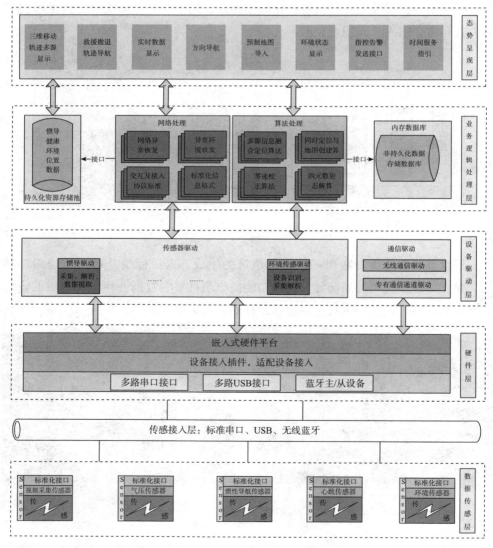

图 6.10　指控软件架构示意图

6.5 本章小结

在上一章对同步建图与定位和惯性导航的融合定位设计后，本章对消防员室内定位系统整体架构下的通信模块和信息显示平台进行了设计，完成了消防员室内定位系统设计。

参考文献

[1] Cho, H., Ji, J., Chen, Z., Park, H., Lee, W.. Accurate distance estimation between things: A self-correcting approach Open Journal of Internet of Things (OJIOT) [J]. 2015.1 (2): 19 – 27.

[2] Maly, P. K. F., Kozel. T. Improving indoor localization using bluetooth low energy beacons Mobile Information Systems [J]. 2016, 11.

[3] S. Gaonkar, J. Li, R. R. Choudhury, L. Cox, A. Schmidt. Micro-Blog: Sharing and Querying Content Through Mobile Phones and Social Participation [J]. in Proc. of 6th Int'l Conf. on Mob. Syst., Appl., Serv. 2008: 174 – 186.

[4] E. Miluzzo, N. D. Lane, K. Fodor, R. Peterson, H. Lu, M. Musolesi, S. B. Eisenman, X. Zheng, A. T. Campbell. Sensing Meets Mobile Social Networks: The design, Implementation and Evaluation of the CenceMe Application [J]. in Proc. of 6th ACM Conf. on Embed. Netw. Sens. Syst. 2008: 337 – 350.

[5] Anahid Basiri, Elena Simona Lohan, Terry Moore, Adam Winstanley, Pekka Peltola, Chris Hill, Pouria Amirian, Pedro Figueiredo e Silva. Indoor location based services challenges, requirements and usability of current solutions [J]. Computer Science Review, 2017, 24: 1 – 12.

[6] A. Varshavsky, A. LaMarca, J. Hightower, E. de Lara. The Skyloc Floor Localization System [J]. Perv. Comp. and Comm., 2007. PerCom'07. 5th Annual IEEE Int'l Conf. on, 2007: 125 – 134.

[7] F. Alizadeh Shabdiz, E. J. Morgan. System and Method for Estimating Positioning Error within a WLAN-Based Positioning System, U. S. Patent. [p] 2008, 7 856 234.

[8] I. Constandache, S. Gaonkar, M. Sayler, R. Choudhury, L. Cox. EnLoc: Energy-Efficient Localization for Mobile Phones [J]. INFOCOM 2009, IEEE, 2009: 2716 – 2720.

[9] D. Gusenbauer, C. Isert, J. Kr¨osche. Self-Contained Indoor Positioning on Off-the-Shelf Mobile Devices [J]. Indoor Pos. and Indoor Nav. (IPIN), 2010 Int'l Conf. on, 2010: 1 – 9.

[10] E. Foxlin. Pedestrian Trackingwith Shoe-Mounted Inertial Sensors [J]. Comp. Graph. and Appl. , IEEE, 2005, 25 (6): 38 –46.

[11] O. Woodman, R. Harle. Pedestrian Localisation for Indoor Environments [J]. in Proc. of 10th Int'l Conf. on Ubiq. Comp. 2008: 114 –123.

[12] Z. Sun, X. Mao, W. Tian, X. Zhang. Activity Classification and Dead Reckoning for Pedestrian Navigation with Wearable Sensors [J]. Meas. Sci. and Tech. 2009 (20) .

[13] M. Mladenov, M. Mock. A Step Counter Service for Java-Enabled Devices Using a Built-in Accelerometer [J] in Proc. of 1st Int'l Works. On Context-Aware Middleware and Serv. , 2009: 1 –5.

[14] J. Käppi, J. Syrjärinne, J. Saarinen. MEMS-IMU Based Pedestrian Navigator for Handheld Devices [J]. Proc. of Int'l Tech. Meeting of the Satel. Div. of the Instit. of Nav. (ION GPS 2001), 2001: 1369 –1373.

[15] H. Weinberg. An-602 Application Note: Using the ADXL202 in Pedometer and Personal Navigation Applications [J]. Analog Devices Inc. , 2002.

[16] D. Alvarez, R. C. Gonzalez, A. Lopez, J. C. Alvarez. Comparison of Step Length Estimators from Weareable Accelerometer Devices [J]. Engin. in Medi. and Biol. Soc. , 2006. EMBS'06. 28th Annual Int'l Conf. of the IEEE 2006: 5964 –5967.

[17] M. Sulkowska, K. Nyka, L. Kulas. Localization in Wireless Sensor Networks Using Switched Parasitic Antennas [J]. MIKON 2010, conference proceedings, 2010.

[18] M. Rzymowski, K. Nyka, L. Kulas. Enhancing Performance of Switched Parasitic Antenna for Localization in Wireless Sensor Networks [J]. 19th International Conference on Microwaves, Radar and Wireless Communications, MIKON 2012, conference proceedings, Warsaw, 2012, 5: 21 –23.

[19] Rzymowski, M. , Kulas, L. . Design, realization and measurements of enhanced performance 2. 4 GHz ESPAR antenna for localization in wireless sensor networks [J] EUROCON, 2013 IEEE, 2013, 7: 207 –211, 1 –4.

[20] Lu, Junwei, David Ireland, Robert Schlub. Dielectric Embedded ESPAR (DE-ESPAR) antenna array for wireless communications [J]. Antennas and Propagation, IEEE Transactions on 2015, 53 (8): 2437 –2443.

[21] MT Abdalla, Ghassan. Switchable Antenna Array for Beam Control [J]. Khartoum University Engineering Journal, 2012.

[22] Bai, Yuntian Brian, Wu Suqin, Guenther Retscher, Allison Kealy, Lucas Holden, Martin Tomko, Aekarin Borriak, Hu Bin, Wu Hong Ren, Kefei Zhang. A New Method for Improving Wi-Fi-based Indoor Positioning Accuracy [J]. Journal of Location Based Services, 2014, 8 (3): 135 –147.

［23］ Cazzorla, A., G. De Angelis, A. Moschitta, M. Dionigi, F. Alimenti, P. Carbone. A 5.6 – GHz UWB Position Measurement System ［J］. IEEE Transactions on Instrumentation and Measurement, 2013, 62（3）: 675 – 683.

［24］ Ding, Wei, Peng Liang, and Antony Tang. Knowledge-based Approaches in Software Documentation: A Systematic Literature Review ［J］. Information and Software Technology, 2014, 56（6）: 545 – 567.

［25］ Gao, Huiji, Jiliang Tang, and Huan Liu. Mobile Location Prediction in Spatio-temporal Context ［J］. NokiaMobile Data Challenge Workshop 2012: 41 – 44.

［26］ Kemppi, P., T. Rautiainen, V. Ranki, F. Belloni, J. Pajunen. Hybrid Positioning System Combining Angle-based Localization, Pedestrian Dead Reckoning and Map Filtering ［C］. In 2010 International Conference on Indoor Positioning and Indoor Navigation（IPIN）, 1 – 7, Zurich, Switzerland, 2010, 9: 15 – 17.

［27］ Koyuncu, Hakan, Shuang Hua Yang. A Survey of Indoor Positioning and Object LocatingSystems ［J］. IJCSNS International Journal of Computer Science and Network Security2010, 10（5）: 121 – 128.

［28］ Laoudias, Christos, Michalis P. Michaelides, Christos G. Panayiotou. Fault Detection and Mitigation in WLAN RSS Fingerprint-based Positioning ［J］. Journal of Location Based Services 2012, 6（2）: 101 – 116.

［29］ Liu, Dawei, Bin Sheng, Fen Hou, Weixiong Rao, Hongli Liu. From Wireless Positioning to Mobile Positioning: An Overview of Recent Advances ［J］. IEEE Systems Journal 2014, 8（4）: 1249 – 1259.

［30］ Mautz, Rainer. Indoor Positioning Technologies ［D］. PhD Diss., Habilitationsschrift ETH Zürich, Zurich, Switzerland, 2012.

［31］ Mirowski, Piotr, Philip Whiting, Harald Steck, Ravishankar Palaniappan, Michael MacDonald, Detlef Hartmann, Tin Kam Ho. Probability Kernel Regression for WiFi Localisation ［D］. Journal of Location Based Services, 2012, 6（2）: 81 – 100.

［32］ Opoku, D., A. Homaifar, E. Tunstel. RFID-augmentation for Improving Long-term Pose Accuracy of an Indoor Navigating Robot ［J］. In 2014 IEEE International Conference on Systems, Man and Cybernetics（SMC）, 796 – 801, San Diego, CA, 2014, 10, 5 – 8.

［33］ Prieto, J., S. Mazuelas, A. Bahillo, P. Fernandez, R. M. Lorenzo, E. J. Abril. Adaptive Data Fusion for Wireless Localization in Harsh Environments ［J］. IEEE Transactions on Signal Processing 2012, 60（4）: 1585 – 1596.

［34］ Suski, W., S. Banerjee, A. Hoover. Using a Map of Measurement Noise to Improve UWB Indoor Position Tracking ［J］. IEEE Transactions on Instrumentation and Measurement 2013, 62（8）: 2228 – 2236.

［35］ Tsuji, J. , H. Kawamura, K. Suzuki, T. Ikeda, A. Sashima, K. Kurumatani. ZigBee Based Indoor Localization with Particle Filter Estimation ［J］. 2010 IEEE International Conference on Systems Man and Cybernetics （SMC）, 1115 – 1120, Istanbul, Turkey, 2010, 10: 10 – 13.

［36］ Viol, N. , J. A. B. Link, H. Wirtz, D. Rothe, K. Wehrle. Hidden Markov Model-based 3D Path-matchingUsing Raytracing-generated Wi-Fi Models ［C］. In 2012 International Conference on IndoorPositioning and Indoor Navigation （IPIN）, 1 – 10, Sydney, Australia, 2012, 11: 13 – 15.

［37］ Xiao, L. , and L. Deng. A Geometric Perspective of Large-margin Training of Gaussian Models ［Lecture Notes］ ［J］. IEEE Signal Processing Magazine2010, 27 （6）: 118 – 123.

［38］ Yang, Lei, JiannongCao, Weiping Zhu, Shaojie Tang. A Hybrid Method for Achieving High Accuracy and Efficiency in Object Tracking Using Passive RFID ［J］. 2012 IEEE International Conference on Pervasive Computing and Communications （PerCom）, Lugano, Switzerland, 2012, 3: 109 – 115.

［39］ Ying, Josh Jia-Ching, Wang-Chien Lee, Tz-Chiao Weng, Vincent S. Tseng. Semantic Trajectory Mining for Location Prediction ［J］. In Proceedings of the 19th ACM SIGSPATIAL International Conference on Advances in Geographic Information Systems, 2011: 34 – 43.

［40］ Zhou, Yuan, C. L. Law, Yong Liang Guan, and F. Chin. Indoor Elliptical Localization Based on Asynchronous UWB Range Measurement ［J］. IEEE Transactions on Instrumentation and Measurement, 2011, 60 （1）: 248 – 257.

［41］ Zhou Rui, Nan Sang. Enhanced Wi-Fi Fingerprinting with Building Structure and User Orientation ［C］. 2012 Eighth International Conference on Mobile Ad-hoc and Sensor Networks （MSN）, Chengdu, China, 2012, 12: 219 – 225.

第7章 定位与建图功能及环境 适应能力测试

本章的主要内容是在烟雾环境下进行定位设备火灾环境适应能力测试和在单层单个房间、单层多个房间和多层房间内进行定位与扫描建图功能测试。

7.1 系统定位与建图功能测试

本节主要对定位设备的定位功能和建图功能进行实地测试，测试在普通建筑中进行，测试以定位轨迹和实际轨迹吻合度，扫描所建地图和建筑物实际结构吻合度，能否直观准确展示消防员三维位置为标准。根据定位系统测试需要将测试分为单个房间空间、单层多个房间和多层多个房间空间测试。

7.1.1 单个房间空间测试

为测试定位设备定位和建图能力，首先在结构较为简单的房间进行，本节进行单个房间空间测试。测试在某集团第 29 所办公楼 401 室进行，房间整体结构为规则矩形结构，长 7.00m，宽 5.00m，测试路径用绿色虚线表示，如图 7.1 所示。

测试开始后，人员佩戴定位设备按照预定路径行走，定位设备对环境进行扫描并对运动轨迹进行标记，测试效果如图 7.2 所示。

从定位轨迹和实际路线对比、实际结构图和扫描建图对比可以得出：

（1）实际运动轨迹为直线，定位轨迹以实际轨迹为中心成波动形态；

（2）实际建筑结构图和扫描建图基本形状相同，实际尺寸和扫描尺寸平均相对误差为 1.55%，如表 7.1 所示。

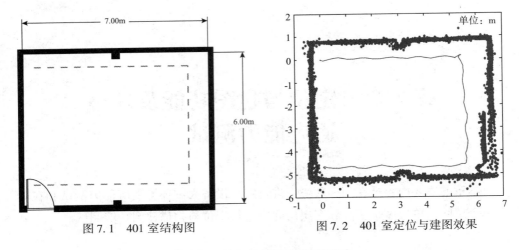

图 7.1　401 室结构图　　　　　图 7.2　401 室定位与建图效果

表 7.1　单个房间扫描建图误差表　　　　　　　　　　　　　　　m

项 目	1 号墙	2 号墙
实际尺寸	7.00	6.00
扫描尺寸	7.08	6.12
误差	1.1%	2.00%

7.1.2　单层多个房间空间测试

为测试定位设备在多个空间的定位和建图以及扫描地图拼接能力，本节进行单层多个房间空间测试。单层多个空间选用两套不同标准套间式住宅建筑进行，测试面积达到 300m²，如图 7.3、图 7.5 所示。测试开始后，人员佩戴定位设备按照预定路径行走，定位设备对环境进行扫描并对运动轨迹进行标记，测试效果如图 7.4、图 7.6 所示。

根据测试数据分析，实际结构图和扫描图对比，实际房间位置关系和扫描房间位置关系对比，可以得出：

（1）实际地图中 4 号房间本和 1 号房间紧挨，在扫描地图中 4 号房间和 1 号房间出现了 1m 的位置偏移；实际地图中 6 号房间和 7 号房间位置紧挨，在扫描地图中 6 房间和房间 7 出现了 0.8m 的位置偏差。

（2）房间 2、6 的扫描结构图和实际结构图在一个角落出现较大区别，因为 2 号、6 号房间角落的障碍物（衣柜）被定位设备识别为墙体。较小障碍物在扫描建图过程中形成一些杂乱的点出现在扫描图中干扰图的清晰，较大障碍物（隔板、屏风、衣柜等）被在扫描建图过程中形成类似于墙体的点状线在扫描图中易被认为是墙体而造成建筑结构图出现错误。

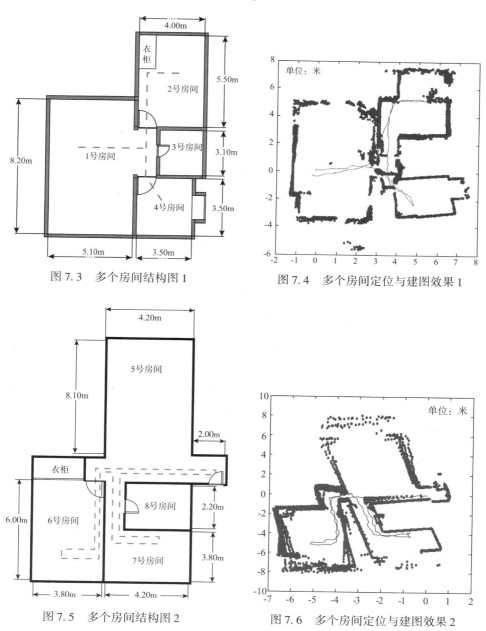

图 7.3 多个房间结构图 1

图 7.4 多个房间定位与建图效果 1

图 7.5 多个房间结构图 2

图 7.6 多个房间定位与建图效果 2

（3）在房间 5 中，一侧墙体扫描点集较少，建图不清晰，是由于设备采用 6m 测距范围激光扫描测距仪，房间进深 8.1m，超出扫描范围，扫描反射点较正常情况下少。针对较大空间建筑，可以采用20m、50m测距范围传感器。

（4）窗户穿透性区域无法形成扫描脉冲激光反射，无法对此区域建图。在所建地图中，未关闭的窗户、通透开放式阳台由于无反射激光信号在地图显示为空白。

（5）扫描建图和实际建筑结构图基本形状相同，实际尺寸和扫描尺寸平均相对误差为5.11%，如表7.2所示。

表7.2 单层多个房间扫描建图误差表

项　目	1号房间	2号房间	3号房间	4号房间	5号房间	6号房间	7号房间	8号房间
实际尺寸	8.20 5.10	5.50 4.00	3.10	3.50 4.00	8.10 4.20	6.00 3.80	4.20 3.80	2.20
扫描尺寸	8.39 4.32	5.28 3.77	3.15	3.31 4.01	8.21 3.90	6.10 3.30	4.10 3.40	2.10
误差	6.84%	4.74%	1.61%	2.67%	8.13%	6.12%	6.25%	4.54%

7.1.3 多层房间空间测试

在多、高层建筑火灾中，当消防员进入建筑物内发生危险时，则需要另外的消防员对被困消防员进行营救，复杂且未知的建筑内部结构是营救行动最大障碍。如果定位设备能够将被困消防员位置信息、运动轨迹和经过区域的建筑结构图清晰的展现出来，那么营救所花时间将大幅度缩短，营救效率得到很大提高，避免了长时间被困造成的伤亡，有效保障消防员的生命安全。

前两小节进行了单层房间的测试，为测试定位设备多层环境下的定位和建图功能。本节设计了定位设备多层环境测试，测试在四川省成都市华阳某楼盘1、2两层楼进行，测试主要进行上下楼的登楼测试和同一楼层平面运动的扫描建图能力测试，测试面积达$500m^2$，如图7.7所示。

测试过程中，从1楼入户大厅消防疏散通道楼梯间开启定位终端，虚线部分表示1楼运动路径，通过登楼到达2楼楼道，通过楼道进入203号住宅，实线表示2楼运动路径。定位设备在对人员定位的同时对建筑结构进行扫描建图，并将轨迹和地图进行融合，经过扫描区域如图7.8所示，测试结果如图7.9所示，分别用俯视图（1、2层重合）、侧视图、正视图表示。

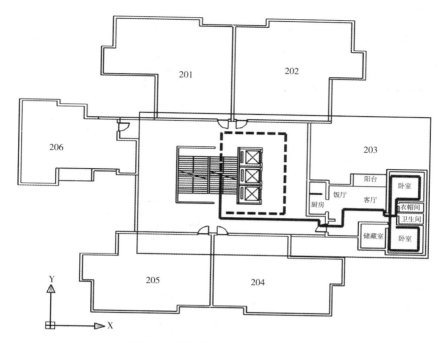

图 7.7 测试楼层标准层建筑结构图

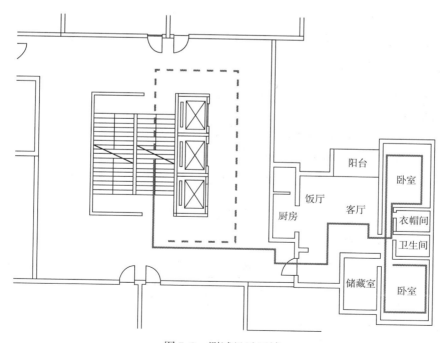

图 7.8 测试经过区域

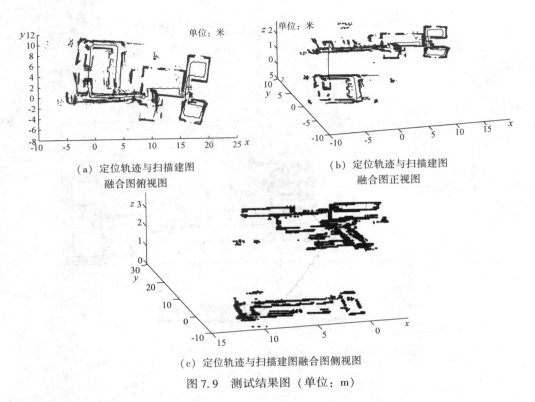

（a）定位轨迹与扫描建图
融合图俯视图

（b）定位轨迹与扫描建图
融合图正视图

（c）定位轨迹与扫描建图融合图侧视图

图7.9　测试结果图（单位：m）

根据测试数据分析，在平面基础上对惯性导航设备、激光扫描测距仪定位数据和规定路径进行比较，可以得出：

（1）根据定位轨迹和扫描所建地图的匹配显示中，能够确定消防员所在楼层和所在房间、区域，实现了预期目标；

（2）扫描所建建筑结构图和建筑实际结构图基本符合，但房间窗口、阳台等开阔无边际区域由于无法反射激光不能建图。

（3）扫描建筑图和实际建筑图尺寸平均相对误差为2%，如表7.3所示。

表7.3　多层空间定位与建图误差表

项目	层高	客厅	卧室1	卧室2	1层走廊	2层走廊
实际尺寸/m	3.2	6.90 5.50	4.30 3.80	4.20 3.80	12.00 8.00	8.00
设备建图尺寸/m	3.5	7.01 5.32	4.22 3.85	4.24 3.89	11.56 8.80	8.70
相对误差	9%	0.50%	1.60%	1.63%	6.20%	3.75%

7.1.4　结论

上述实验分别在单层单个房间、单层多个房间、多层多个房间环境中下进行了测试，通过测试结果分析可得：

（1）基于 RPLIDAR 系列 A1M1 型激光扫描测距仪单个房间、多个房间、多层空间内能有效运行，具备图形拼接能力；

（2）扫描建图精度误差在 2.74% 以内；

（3）激光扫描测距仪只能对有障碍物能产生激光反射区域进行扫描，对于窗口、阳台等开放式区域无法产生反射激光无法建图。

（4）通过定位轨迹和建图的融合，实现了人员所在楼层和所在房间方向、区域定位目标，到达直观、准备地对人员运动状态三维展示。

7.2　烟雾环境对定位终端性能影响测试

便携定位终端设备的主要传感器为惯性测量单元和激光扫描测距仪。惯性测量单元是内部传感器，有独立的工作运行环境，工作过程中受环境影响较小，对火灾现场环境适应能力强；激光扫描测距仪为外部传感器，工作过程中需要直接和现场环境进行交互作用，脉冲激光需要穿过空气到达障碍物反射后在穿过空气回到接收系统完成扫描，扫描过程可能受空气介质的影响，将激光扫描测距仪运用于火灾现场这个特殊的场景中时，需要进行火灾环境适应能力测试。

建筑火灾现场环境主要特征是高温和浓烟，激光扫描测距仪所发射脉冲激光在空气中传播时可能会发生散射和速度发生改变，传播速度和空气介质的成分、密度及其混合均匀程度和温度相关，但是由于室内距离短，反射时间短，速度改变所造成的误差小，所以仅考虑烟气和粉尘对激光的散射影响。激光在烟雾中散射现象主要受颗粒粒径和浓度影响。建筑火灾现场烟雾粒径分布主要集中在 700nm，部分烟雾颗粒超过 $1\mu m$，但烟雾中掺杂着一些粒径较大的灰烬和粉尘，所以火灾现场空气介质中颗粒平均直接约为十几微米。发烟机产生烟雾平均粒径在 $20\mu m$，所以可以在发烟机产生的烟雾环境中进行激光扫描测距仪烟雾环境适应能力测试。

烟雾环境适应能力测试在中国人民警察大学消防训练楼烟热训练室进行，烟热训练室为单层两个房间，总面积约为 $210m^2$，如图 7.10 所示。测试分四组进

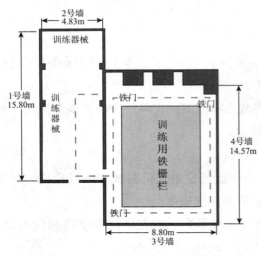

图 7.10　烟热训练室建筑结构图

行，在其他条件相同（测试空间、运动路径、测试温度等）的情况下，通过控制发烟器发烟量改变环境烟雾浓度作为单一变量分组，分别设置无烟雾环境、低浓度烟雾环境、中等浓度烟雾环境、高等浓度烟雾环境四种情况，测试设备佩戴如图 7.11 所示。

烟雾环境依靠烟雾发生系统生成，烟雾发生系统由烟雾发生装置、油烟施放设备、电器控制箱等设备组成。4 套烟雾发生系统分别布置在烟热训练室四周，预热后同时施放烟雾。训练室内烟雾浓度和发烟时间成正比，测试过程中可以根据需要控制烟雾施放时间调整现场环境烟雾浓度。烟雾发生系统所产生烟雾对人体无刺激无毒害，可以不佩戴防护装具进行测试。

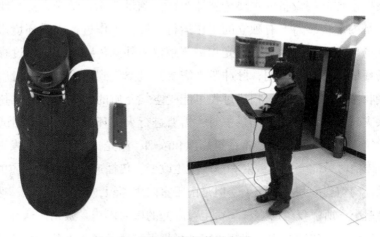

图 7.11　测试设备佩戴示意图

7.2.1　无烟雾环境测试

为了测试不同烟雾浓度对激光扫描测距仪工作性能的影响，首先在无烟雾环境中进行测试作为空白对照。

在测试过程中，人员佩戴定位设备到达训练准备室预定起点后，开启设备按照预定路径在训练准备室行走，通过门洞进入训练室绕栅栏行走一周，行走路径如图7.12所示，实时定位轨迹与扫描建图结果如图7.13所示。

图7.12　无烟雾测试环境

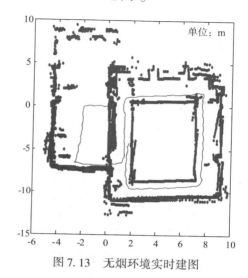

图7.13　无烟环境实时建图

根据测试数据分析可得：

（1）根据激光扫描测距仪扫描数据快速生成烟热训练室二维平面图，并将定位轨迹和实时建图进行了融合定位，融合定位轨迹和实际行走轨迹基本重合。

（2）扫描建筑结构图和实际结构图吻合，扫描烟热训练室所建地图中建筑墙体尺寸和实际尺寸基本相同，如表7.4所示。在无烟雾环境中，激光扫描测距仪的扫描建图平均相对误差为2.3%。

表7.4　无烟雾环境扫描尺寸和实际尺寸对比表

墙体编号	1号墙	2号墙	3号墙	4号墙
实际地图尺寸/m	15.80	4.83	8.80	14.57
扫描地图尺寸/m	15.57	4.65	8.98	15.00
相对误差	0.6%	3.7%	2.0%	2.9%

（3）训练准备室的训练器械和烟热室的镂空铁门等障碍物在扫描地图中呈现不规则的扫描点。

7.2.2 较低浓度烟雾环境测试

在进行无烟雾环境测试作为空白对照之后，随即在较低浓度烟雾环境（能见度 10m）下进行。首先将门窗及通风口密闭，控制室内光源不变，控制发烟时间调整好烟雾浓度，测试环境如图 7.14 所示。其余测试步骤过程和无烟雾环境一致，扫描建图与定位轨迹结果如图 7.15 所示。

图 7.14　低浓度烟雾测试环境

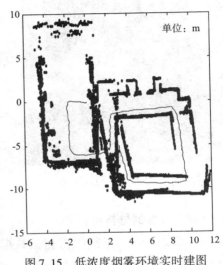

图 7.15　低浓度烟雾环境实时建图

根据测试数据分析可得：

（1）根据激光扫描测距仪扫描数据快速生成烟热训练室二维平面图，并将定位轨迹和实时建图进行了融合定位，融合定位轨迹和实际行走轨迹基本重合。

（2）在较低浓度烟雾环境中，基于激光扫描测距仪的同步定位与建图可以实现，实时建立的建筑物结构图和实际结构图基本相符，但是训练室位置出现倾斜。

（3）在较低浓度烟雾环境中，低浓度烟雾对脉冲激光散射作用不明显，扫描烟热训练室所建地图中建筑墙体尺寸和实际尺寸误差增加，如表 7.5 所示。激光扫描测距仪的扫描平均相对误差为 4.9%，和无烟雾环境相比，扫描建图误差率增加了 2.6%。

表7.5 低浓度烟雾环境扫描尺寸和实际尺寸对比表

项 目	1 号墙	2 号墙	3 号墙	4 号墙
实际地图尺寸/m	15.80	4.83	8.80	14.57
扫描地图尺寸/m	16.20	5.15	7.89	13.29
误差率	2.5%	6.6%	10.3%	8.8%

（4）训练准备室的训练器械和烟热室的镂空铁门等障碍物在扫描地图中呈现不规则的扫描点。

7.2.3 中等浓度烟雾环境测试

本节测试在中等浓度烟雾环境（能见度5m）下进行。在低浓度烟雾环境基础之上，开启发烟机控制发烟时间调整烟雾浓度到达中等烟雾浓度，测试环境如图7.16 所示。开始测试时，按照无烟雾环境测试步骤进行测试，实时扫描建图与定位轨迹结果如图7.17 所示。

图7.16 中等浓度烟雾测试环境

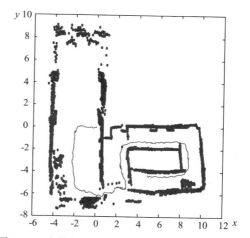

图7.17 中等烟雾浓度环境实时建图（单位：m）

根据测试数据分析可得：

（1）将融合定位轨迹和实时建图进行了融合，融合定位轨迹和实际行走轨迹基本重合。

（2）在中等浓度烟雾环境下，基于激光扫描测距仪的同步定位与建图可以实现，实时建立的建筑物结构图和实际结构图形状大致相符，其中训练室墙体长宽比出现较大误差。

（3）中等浓度烟雾对脉冲激光散射作用增大，扫描烟热训练室所建地图中建筑墙体尺寸和实际尺寸误差明显，激光扫描测距仪的扫描建图地图尺寸平均相对误差为 30.7%，如表 7.6 所示。和无烟雾环境相比，扫描建图误差率增加了 18.95%。

表7.6 中等浓度烟雾环境扫描尺寸和实际尺寸对比表

项 目	1 号墙	2 号墙	3 号墙	4 号墙
实际地图尺寸/m	15.80	4.83	8.80	14.57
扫描地图尺寸/m	15.70	4.80	9.10	6.10
误差率	0.6%	0.6%	3.4%	58.1%

（4）训练准备室的训练器械和烟热室的镂空铁门等障碍物在扫描地图中呈现不规则的扫描点。

7.2.4 高浓度烟雾环境测试

本节测试在高等浓度烟雾环境（能见度 1m）下进行。在中等浓度烟雾环境基础之上，开启发烟机控制发烟时间调整烟雾浓度到达高等烟雾浓度，测试环境如图 7.18 所示。开始测试时，按照无烟雾环境测试步骤进行测试，实时扫描建图与定位轨迹结果如图 7.19 所示。

图7.18 高浓度烟雾测试环境

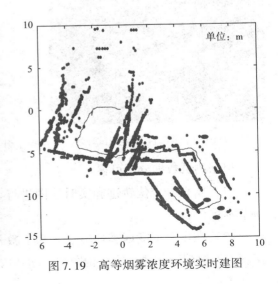

图7.19 高等烟雾浓度环境实时建图

根据测试数据分析可得：

（1）在高浓度烟雾对脉冲激光散射作用较为明显，基于激光扫描测距仪的同步定位与建图实现效果受到了很大影响，实时建立的建筑物结构图墙体出现了扭曲，扫描所建地图房间位置关系和实际结构图位置出现了较大偏差，扫描地图尺寸为实际尺寸差别较大，无法完成扫描建图与定位的目的。

（2）融合定位轨迹和扫描建筑地图出现了相同程度的扭曲，但是融合轨迹始终和建筑结构地图呈现出相对位置关系。

（3）由于激光扫描测距仪在高浓度烟雾环境中不能正常工作，其数据误差较大，造成了定位轨迹与实际运动轨迹出现了较大偏差。

7.2.5　结论

上述实验分别在无烟雾、较低烟雾浓度、中等烟雾浓度、高烟雾浓度情况下进行了测试，通过在不同烟雾浓度条件对下激光扫描所得地图和实际结构图对比，定位轨迹和实际行走轨迹进行对比得出结论：

（1）基于 RPLIDAR 系列 A1M1 型激光扫描测距仪的同步定位与建图在无烟雾、轻度浓度烟雾、中度浓度烟雾环境下能有效运行，测试数据平均相对误差分别为：2.3%、4.9%、30.7%，随着烟雾浓度增加而增加。

（2）在重度浓度烟雾环境下测试时，由于烟雾浓度大，激光发生较为明显的散射现象，激光扫描测距仪无法对房间四周进行精确测距，测量误差较大，进而不能完成定位和扫描建图。

（3）对于室内除了墙体以外的其他大型障碍物，例如准备室室中的大型训练器械、训练室的镂空铁门在扫描地图中呈现规则的扫描点，影响扫描地图清晰度。

（4）考虑到火灾现场的烟气浓度和消防员设备的安全稳定性和恶劣环境适应性要求，在实际应用中可以更换更高成本的激光扫描测距仪或者采用抗烟雾干扰能力很强的毫米波雷达。激光扫描测距仪和毫米波雷达的工作原理一样，差别在于所发射探测波的频率和波长不一样，对传播介质的穿透能力也不一样。

7.3　本章小结

从目前已有的系统来看，已经有一些系统能够为火灾现场消防员提供精度可靠的定位系统。有了这样的系统不仅可以帮助消防员在火场中顺利实施救援计划，而且可以帮助消防员迅速撤离危险区域，既有利于保护受灾群众，又有利于保护消防员自身。如果将这些室内定位系统进一步与 GNSS 系统进行融合，当 GNSS 信号受到干扰而中断时，可以用惯导或其他传感器的信息进行连续不间断的辅助定位，定位精度也优于各自独立使用的精度，将会给人们在复杂建筑内和开阔区域提供无缝导航。

　　GPS 是目前应用最为广泛的定位技术。但是当 GPS 接收机在室内工作时，由于信号受建筑的影响而大大衰减，定位精度也很低，要想达到室外一样直接从卫星广播中提取导航数据和时间信息是不可能的。基于信号的系统在室内由于无线信号受多径的干扰以及建筑物内电磁干扰等使得信号的延迟而导致无法按照传统的传输模型进行运算，定位精度下降。为了提高精度，人们尝试了超宽带信号或者是运用复杂的统计算法来抑制误差，超宽带技术无疑是基于信号的定位系统中定位精度最好的。然而，在实际的应用中，基于信号的系统有可能会因为信号的延迟或者衰减导致无法正常提供导航服务。从这一方面来说，基于航位推算的系统无疑具有优势，惯导系统不会受建筑物的影响，但是惯导系统唯一的不足是随着时间的累积系统的定位误差也会累积，尤其是在建筑物内改变方向后，方向上的误差变得突出，那么很多系统采用磁罗盘来纠正方向，但是建筑物内往往有大量的金属设备，那么对磁罗盘也会产生干扰。陀螺仪不受电磁干扰，而陀螺仪只能测出方向上的相对变化，而且误差也会随时间累积。由此看来，最恰当的定位方法是结合电磁罗盘、陀螺仪、惯导元件等各种传感器来相互校正各自的误差。

　　在已有的系统中像 Kalman 滤波，粒子滤波等算法已经应用到系统中用来进行数据融合进而提高定位精度。数据融合方法需要行人的运动模型以及传感器的测量模型作为滤波器的输入。单纯依靠航位推算的系统一般得到的精度是行走距离的 5% ~ 10%。为了减少误差，采用参考点纠正是不错的选择。参考点的位置是已知的，于是每经过一个参考点处，系统误差可以重新归零。而且，传感器本身也可以在参考点处进行重新校正。

　　既然参考点是减小误差的有效手段，那么不得不考虑火灾现场的参考点如何成功布置的问题。书中的这些系统仅仅给出了试验性的部署，在将来的研究中，还应探寻最优部署方案。例如，在定位精度比较高的情况下，消防队员中的指挥官负责将他当前所在位置设为参考点；另一种是当算法检测到消防员将要离开一个参考点的信号范围的时候，应立即设置一个新的参考点，以保证消防员始终在参考点的辐射范围内。

本书有些系统用到了地磁做位置指纹的定位方法，以后的研究中除了可以用地磁来提高定位精度，还可以将实时生成的地磁图传送到统一的服务器上作为全球的固定参考点。这种设想类似于已经应用到机器人上的即时定位和制图（Simultaneous Localization and Mapping，SLAM）的概念。按照这种思路，不仅可以用地磁信号来做定位，还可以用 WLAN 等其他信号。因此，可以预见分布式处理和集成各种传感器的数据处理将会提高定位精度以及定位的可靠性。

本书探讨表明火灾现场消防员的定位问题可以通过各种定位手段的综合运用得到解决。基于航位推算方法可以独立运行并不受建筑物的影响因而可以弥补基于信号定位方法的不足。为了抑制随着时间的累积的误差，在进行长距离定位导航时，可以采用增加参考点的方法来纠正航位推算的误差。另外，参考点也可以嵌入到消防员随身携带的仪器当中进行自动组网，完成通信和传输传感器数据的功能。这些已知的静态参考点采用最小二乘算法可以任意地用于消防员的定位与跟踪。超宽带技术在即使建筑物内障碍物多的情况下仍能提高较好的定位精度，在目前看来是最适合室内定位的技术。进一步的研究将给出超宽带发射器在不同场景里满足定位需求的最优位置，以及如何在不同火灾现场快速部署的问题。

另外，在定位算法和数据融合算法的改进使得更多不同传感器的信息更好地进行融合都是将来需要进行深入研究的方向。在前面提到的研究当中，当系统引入 kalman 滤波之后定位精度都有明显提高。同样，粒子滤波和图匹配技术的运用都起到了很好的效果。总之，火灾现场条件的特殊性，无疑地给室内定位的精度以及可靠性提出了更高的要求，从目前来看还无法仅凭一种方法实现火场定位，这就要求多种手段的综合运用相互取长补短。因此，为了全面提升定位效果，无论是传感器的多样性还是融合算法的多样性，都值得将来进一步探究。

参考文献

［1］ European Committee for Standardization（CEN）. Personal protective equipment［S］. Safety footwear（Standard No. EN ISO 20345：2011）. Brussels：CEN，2011.

［2］ Delafontaine, M. , Versichele, M. , Neutens, T. , & Van de Weghe, N. （2012）. Analysing spatiotemporal sequences in Bluetooth tracking data［J］. Applied Geography，34：659 – 668.

［3］ Jimenez, A. R. , Zampella, F. , & Seco, F. . Improving inertial pedestrian dead-reckoning by detecting unmodified switched-on lamps in buildings［J］. Sensors，2014，14（1）：731 – 769.

［4］ M. Schirmer, J. Hartmann, S. Bertel, and F. Echtler, Shoe me the way：A shoe-based tactile interface for eyes-free urban navigation〔J〕. Proc. 17th Int. Conf. Human-Comput. Interact. Mobile Devices Services, 2015：327 - 336.

〔5〕 D. Bousdar Ahmed and E. Munoz Diaz, Loose coupling of wearablebased INSS with automatic heading evaluation〔J〕. Sensors, 2017, vol. 17, no. 11, Art. no. 2534.

〔6〕 H. Liu, H. Darabi, P. Banerjee, and J. Liu, Survey of wireless indoor positioning techniques and systems〔J〕. IEEE Trans. Syst., Man, Cybern. Appl. Nov Rev., 2007, 37（6）：1067 - 1080.

〔7〕 Y. - L. Hsu, J. - S. Wang, and C. - W. Chang. A wearable inertial pedestrian navigation system with quaternion-based extended Kalman filter forpedestrian localization〔J〕. IEEE Sens. J., 2017, 17（10）：3193 - 3206.

〔8〕 A. Norrdine, Z. Kasmi, and J. Blankenbach, Step detection for ZUPTaided inertial pedestrian navigation system using foot-mounted permanentmagnet〔J〕. IEEE Sens. J., 2016, Sep, vol. 16, no. 17：6766 - 6773.

〔9〕 Q. Guo, O. Bebek, M. C. Cavusoglu, C. H. Mastrangelo, and D. J. Young. A personal navigation system using MEMS-based high-density groundreaction sensor array and inertial measurement unit〔J〕. Proc. 18th Int. Conf. Solid-State Sens., Actuators Microsyst., 2015：1077 - 1080.

〔10〕 P. D. Groves, Navigation using inertial sensors〔J〕. IEEE Aerosp. Electron. Syst. Mag., 2015, 30（2）：42 - 69.

〔11〕 A. R. Jimenez, F. Seco, F. Zampella, J. C. Prieto, and J. Guevara. PDR with a foot-mounted IMU and ramp detection〔J〕. Sensors, 2011, 11（10）：9393 - 9410.

〔12〕 M. S. Lee, H. Ju, J. W. Song, and C. G. Park, Kinematic model-basedpedestrian dead reckoning for heading correction and lower body motiontracking〔J〕. Sensors, 2015, 15（11）：28129 - 28153.

〔13〕 A. M. Sabatini, Estimating three-dimensional orientation of human bodyparts by inertial/magnetic sensing〔J〕. Sensors, 2011, 11（2）：1489 - 1525.

〔14〕 Y. Wang et al., An attitude heading and reference system for marinesatellite tracking antenna〔J〕. IEEE Trans. Ind. Electron., 2017, 64（4）：3095 - 3104.

〔15〕 C. W. Kang, H. J. Kim, and C. G. Park, A human motion trackingalgorithm using adaptive EKF based on Markov chain〔J〕. IEEE Sens., Dec, J., 2016, 16（24）：8953 - 8962.

〔16〕 X. Tong et al., Adaptive EKF based on HMM recognizer for attitudeestimation using MEMS MARG sensors〔J〕. IEEE Sens. J, 2018, 18（8）：3299 - 3310.

〔17〕 S. Sabatelli, M. Galgani, L. Fanucci, and A. Rocchi, A double-stage Kalman filter for orientation tracking with an integrated processor in 9 - DIMU〔J〕. IEEE Trans. Instrum. Meas., 2013, Mar, 62（3）：590 - 598.

〔18〕 W. Ye, J. Li, J. Fang, and X. Yuan, EGP-CDKF for performance improvement of the SINS/

GNSS integrated system［J］. IEEE Trans. Ind. Electron. , 2018, 65（4）: 3601－3609.

［19］ H. G. De Marina, F. J. Pereda, J. M. Giron-Sierra, and F. Espinosa, UAVattitude estimation u-sing unscented Kalman filter and TRIAD［J］. IEEETrans. Ind. Electron. , 2012, 59（11）: 4465－4474.

［20］ S. O. Madgwick, A. J. Harrison, and R. Vaidyanathan, Estimation of IMU and MARG orientation using a gradient descent algorithm［J］. Proc. IEEE Int. Conf. Rehabil. Robot. , 2011: 1－7.

［21］ Z. － Q. Zhang and X. Meng, Use of an inertial magnetic sensor module forpedestrian tracking during normal walking［J］. IEEE Trans. Instrum. Meas. , 2015, 64（3）: 776－783.

［22］ I. Skog, P. Handel, J. － O. Nilsson, and J. Rantakokko, Zero-velocity detection-An algorithm e-valuation［J］. IEEE Trans. Biomed. Eng. , 2010, 57（11）: 2657－2666.

［23］ S. Qiu, Z. Wang, H. Zhao, K. Qin, Z. Li, and H. Hu, Inertial magneticsensors-based pedestrian dead reckoning by means of multisensor fusion［J］. Inf. Fusion, 2018, 39: 108－119.

［24］ D. Trabelsi, S. Mohammed, F. Chamroukhi, L. Oukhellou, and Y. Amirat. An unsupervised ap-proach for automatic activity recognition based onhidden Markov model regression［J］. IEEE Trans. Autom. Sci. Eng. , 2013, 10（3）: 829－835.

［25］ J. Seitz, T. Vaupel, S. Meyer, J. G. Boronat, and J. Thielecke. A hiddenmarkov model for pedes-trian navigation［J］. Proc. 7th Workshop Positioning, Navigat. Commun. , 2010: 120－127.

［26］ S. Ryu and J. Kim, Classification of long-term motions using a twolayered hidden Markov model in a wearable sensor system［J］. Proc. IEEE Int. Conf. Robot. Biomimetics, 2011: 2975－2980.

［27］ Curran K, Furey E, Lunney T, Santos J, Woods D, McCaughey A, An evaluation of indoorlo-cation determination technologies［J］. Journal of Location Based Services, 2011, 5（2）: 61－78.

［28］ Dardari D, Closas P, Djuric PM, Indoor Tracking: Theory, Methods, and Technologies［J］. IEEETrans. Vehicular Technology, 2015, 64（4）: 1263－1278.

［29］ Riga P, Kouroupetroglou G. Indoor Navigation and Location-Based Services for Persons withMo-tor Limitations［J］. in Proc. of Disability Informatics and Web Accessibility for Motor Limita-tions. 2014 IGI Global, 2014: 202－233.

［30］ Subhan F, Hasbullah H, Rozyyev A, Bakhsh ST. Analysis of Bluetooth signal parameters forin-door positioning systems［J］. in Proc. of Computer & Information Science（ICCIS）, 2012International Conference on 2012 Jun 12. IEEE, 2012, 2: 784－789.

［31］ K. Yu, I. Sharp, and Y. J. Guo. Ground-Based Wireless Positioning［M］. Wiley-IEEE Press, 2009.

［32］ D. Milioris, L. Kriara, A. Papakonstantinou, G. Tzagkarakis, P. Tsakalides, and M. Papadopou-li, Empirical evaluation of signal-strength fingerprint positioning in wireless LANs［J］. Proc.

of 13th ACM Int. Conf. Modeling，Anal. Simulation of Wireless and Mobile Syst. ，Bodrum，Turkey，2010：5－13.

［33］ Han Y，Shen Y，Zhang XP，Win MZ，Meng H，Performance limits and geometric properties ofarray localization ［J］. IEEE Transactions on Information Theory，2016，62（2）：1054－1075.

［34］ Kypris O，Abrudan TE，Markham A. Magnetic Induction-Based Positioning in DistortedEnvironments ［J］. IEEE Trans. Geoscience and Remote Sensing，2016，54（8）：4605－4612.

［35］ He S，Chan SH. Wi-Fi fingerprint-based indoor positioning：Recent advances and comparisons ［J］. IEEE Communications Surveys & Tutorials，2016，18（1）：466－490.

［36］ Farid Z，Nordin R，Ismail M. Recent advances in wireless indoor localization techniques andsystem ［J］. Journal of Computer Networks and Communications，2013.

［37］ Subhan F，Hasbullah H，Rozyyev A，Bakhsh ST. Indoor positioning in bluetooth networks using-fingerprinting and lateration approach ［J］. Proc. of Information Science and Applications（ICISA），2011 International Conference on 2011 Apr 26：1－9.

［38］ Costilla-Reyes O，Namuduri K. Dynamic Wi-Fi fingerprinting indoor positioning system ［J］. Proc. of Indoor Positioning and Indoor Navigation（IPIN），2014 International Conference，2014，Oct 27：271－280.

［39］ Pormante L，Rinaldi C，Santic M，Tennina S. Performance analysis of a lightweight RSSI-basedlocalization algorithm for Wireless Sensor Networks ［J］. Proc. of Signals，Circuits and Systems（ISSCS），2013 International Symposium on 2013，2013：1－4.

［40］ Wang Y，Yang X，Zhao Y，Liu Y，Cuthbert L. Bluetooth positioning using RSSI and triangula-tionmethods ［J］. Proc. of Consumer Communications and Networking Conference（CCNC）2013：837－842.

［41］ Brena RF，García-Vázquez JP，Galván-Tejada CE，Muñoz-Rodriguez D，Vargas-Rosales C，Fangmeyer J. Evolution of indoor positioning technologies：A survey ［J］. Journal of Sensors，2017.

第8章 北斗系统在消防应急救援中的应用

8.1 北斗卫星导航系统概述

8.1.1 北斗卫星导航系统简介

北斗卫星导航系统（BeiDou Navigation Satellite System，BDS）是我国着眼于国家安全和经济社会发展需要，自主建设、独立运行的全球卫星导航系统，是为全球用户提供全天候、全天时、高精度的定位、导航和授时服务的国家重要空间基础设施。我国高度重视北斗系统建设发展，自 20 世纪 80 年代开始探索适合国情的卫星导航系统发展道路，形成了"三步走"发展战略：2000 年年底，建成北斗一号系统，向中国提供服务；2012 年年底，建成北斗二号系统，向亚太地区提供服务；计划 2020 年前后，建成北斗三号系统，向全球提供服务。2035 年前，将以北斗系统为核心，建设完善更加泛在、更加融合、更加智能的国家综合定位导航授时（PNT）体系。

从 2003 年建成的试验系统"北斗一号"，到 2012 年服务亚太地区的"北斗二号"，到 2018 年服务"一带一路"沿线国家和地区、2020 年覆盖全球的"北斗三号"，北斗系统的发展历程与全球的技术发展趋势能够很好地结合在一起。

从 20 世纪末到 21 世纪初，互联网浪潮深入到了每家每户，网络成为社会生产服务中必不可缺的一部分，移动通信业务也开始走入千家万户，这个时期恰好"北斗一号"建成并开始服务。除了军事用途以外，北斗在渔业领域广泛应用，尤其是短报文服务，极大地降低了渔民的通信成本。移动通信与网络监控平台和北斗系统的行业应用有机结合，使得北斗的民用化开始起步。

21 世纪第一个十年到第二个十年是移动互联网的快速发展时期，随着 2G 通信向 3G、4G 的发展，智能手机和各类 APP 层出不穷，便捷的无线连接方式促使各类智能终端和后台监控平台广泛应用到智慧城市的建设中。此时"北斗二号"系统开始覆盖亚太地区，区别于"北斗一号"的主动式导航定位授时方式，"北斗二号"的被动式导航定位授时与 GPS 一致，可以更加广泛地应用到民用领域。随着"北斗二号"的成熟，北斗/GNSS 多模芯片、模组和终端的价格不断下探，国产的多模芯片价格也已经与国外的单一 GPS 芯片价格达到同样水平甚至更便宜。成本上的优势对北斗的民用化推广起到了至关重要的作用，随着天基与地基等多模增强系统带来的更为精准的时空信息，北斗的行业应用和区域应用也开始不断深化。

北斗技术与通信、室内定位、汽车电子、人工智能、移动互联网、物联网、地理信息、遥感、大数据等先进技术融合，将通过终端产品和系统服务的集成化应用，呈现出创新化发展的新形态。产业链各个环节将与高端制造业、先进软件业、综合数据业和现代服务业各环节相互融合，形成集合化发展的新业态。而这种技术融合与产业融合发展的新形态与新业态，能够实现在北斗时空智联下的人、财、物有序流动，最终将为人们带来真正意义上"天上好用、地上用好"的服务体验。

8.1.2　北斗卫星导航系统基本组成

BDS 是我国自主创建的全球导航系统，其具备特有的短报文通信能力，可以为全球用户提供实时、高效、精准的导航服务。如图 8.1 所示，BDS 由用户终端设备、地面监控中心、空间星座三个部分构成。截止到 2018 年底共有 33 颗卫星处于正常在轨工作状态，其中包含 18 颗"北斗三号"卫星以及 15 颗"北斗二代"卫星。注入站、监控站以及中控三个模块构成了 BDS 系统的地面监控部分，主要负责北斗系统的运行管理和卫星之间通信控制；其用户部分既包含与北斗系统配套的北斗芯片和天线模块等基础产品，当然也包含北斗卫星终端设备、应用系统及相关的配套服务。

从 2007 年我国开始第一颗北斗导航卫星开始，仅用时 10 年成功实现全球组网。BDS 可以充分满足军用及民用领域对实时、精准、不间断定位和授时的需求，广泛应用于测绘、指导放牧、应急救援、森林防火、地理勘测、农业种植、智能交通等各个领域的导航定位服务，是我国必不可少的战略性空间基础设施。BDS 系统组成详见图 8.2。

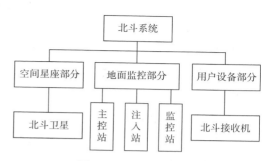

图 8.1 北斗导航定位系统　　　　　图 8.2 BDS 系统组成

8.1.3 北斗卫星导航系统应用对比分析

北斗卫星导航系统与国外其他几种卫星导航系统相比较如表 8.1 所示。

表 8.1 全球主要卫星导航定位系统比较

项目	BDS	GPS	GLONASS	GALILEO
研制国家	中国	美国	俄罗斯	欧盟
卫星数量	35 颗	28 颗（4 颗备份星）	24 颗（3 颗备份星）	30 颗（3 颗备份星）
运行轨道	地球静止轨道（5 颗）、中地球轨道（30 颗）	中地球轨道	中地球轨道	中地球轨道
覆盖范围	全球	全球	全球	全球
定位精度	10m	10m	单点定位精度水平方向为 16m，垂直方向为 25m	1m 以内
用户容量	采用被动式定位，无限；采用主动式定位，有限	无限	无限	无限
主要功能	导航、定位、授时、短信通信	导航、定位、授时	导航、定位、授时	导航、定位、授时
系统优势	开放且具备短信通信功能，可以有效应对电磁干扰与攻击	成熟	抗干扰能力强	精度高

具有的特点和优势如下：

（1）自主知识产权、国内政策主导。系统是基于我国自主的第一代卫星导航定位系统而建立的，我国拥有该系统的自主知识产权，受我国政策的主导开发自主的定位系统，不受国外环境影响，安全、可靠性高。

（2）三频信号。三频定位是北斗导航系统的后发优势，三频信号可以更好地消除高阶电离层延迟影响，提高定位可靠性，增强数据预处理能力，提高模糊度的固定效率。北斗导航系统是全球第一个提供三频信号服务的卫星导航系统，三频信号定位对于应急救援的意义在于定位可靠性强，可以应对灾害现场各种复杂情况。

（3）有源定位及无源定位。有源定位是接收机自己需要发射信息与卫星通信，无源定位不需要。有源定位技术只要两颗卫星就可以完成定位，但需要信息中心DEM（数字高程模型）数据库支持并参与解算，其在北斗二代上被保留下来，但不作为主要的定位方式。这个功能对于应急救援的意义在于适用于紧急情况下人员搜救定位，如在山谷中观测条件非常差，能确定大概位置也是非常重要的。

（4）短报文通信服务。短报文通信功能作为北斗导航系统的独特功能，具有较好的应用前景，虽然这个功能有容量限制，不适合作为日常通信使用，但是作为紧急情况通信比较合适，尤其适用于灾害现场基础通信设施被破坏的极端情况，可以实现双向定位，在灭火救援中可以实现被救者与搜救者之间的信息沟通，对更高效应急救援具有重大意义。

（5）采用开放接口终端控制模块，兼容各种主流监控终端设备。目前，很多北斗系统终端兼容系统采用模块化设计，底层平台与上层应用系统分离，可兼容网络、GSM、集群通信等多种通信网络。

8.2 北斗系统在应急救援领域应用

8.2.1 北斗卫星导航系统在地质灾害救援中的应用

地震、滑坡、泥石流等重大自然灾害发生后，首要任务就是抢救生命，科学施救，最大限度减少伤亡。在对被救人员的营救中，核心因素有两个，即被救人员的位置、生命状态信息和对施救人员的有效指挥调度。基于北斗卫星构建的应急救援保障体系可以同时实现这两方面的需求。

1. 灾害信息的获取与传输

从施救人员的角度而言，施救人员利用北斗的定位功能可以确定自身所处的位置，同时应急指挥中心可获取到该施救人员的位置信息。施救人员对周围的现场灾情作出初步评估，通过短报文功能将获取的现场信息反馈给应急指挥中心。从被救人员的角度而言，如果被救人员具备操作掌上机的能力，在进行北斗定位时，应急指挥中心可获取到该人员的位置信息，从而确定被救人员的位置。被救人员还可以通过短报文功能向指挥中心报告自身的安全状态、环境条件等信息。

2. 应急指挥调度

应急指挥中心利用遥感技术获取地表信息，并结合现场施救人员传回的现场信息，可以在电子地图上看到施救人员和被救人员的位置信息，快速组织专家对灾情进行分析，制定科学有效的救援方案。在第一时间向救援车辆、救援直升机等发送移动路径规划信息和调度信息，向灾害现场救援人员发送被救人员的位置等信息，并传达灾民转移安置地、转移安置路径等救灾信息和任务指令，实现科学指挥调度，在"黄金72小时"内争取营救更多的伤员。示范区滑坡、塌陷、崩塌地质灾害详见图8.3。

图8.3　示范区滑坡、塌陷、崩塌地质灾害

北斗应急救援保障体系主要由北斗卫星、应急指挥中心、驻地指挥中心、移动指挥中心、中心式指挥机、移动式指挥机、北斗用户终端、手持掌上机、应急救援调度平台、救援车辆和救援直升机等几部分构成，如图8.4所示。

各组成部分的主要功能如下：

（1）指挥调度功能。北斗卫星的主要用途是提供技术支持应急指挥中心全面指挥调度，根据了解到的灾情信息作出分析，对救援人员、救援车辆、救援直升机、救援物资运送、灾民安置等进行统一部署和协调并下达指令。

（2）获取发送信息功能。中心式指挥机部署在应急指挥中心，移动式指挥机部署在现场指挥中心、移动指挥中心、救援车辆、救援直升机等地方。应急指挥调度平台软件分别部署于中心式指挥机和移动式指挥机中，主要功能是获取并显示救援人员、被救人员的位置信息，追踪救援车辆的路径信息，可以与救援人

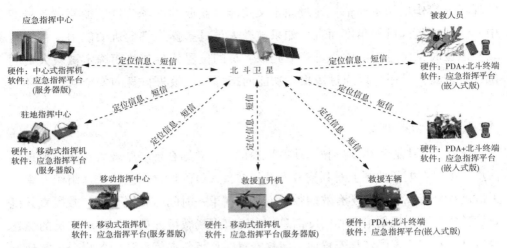

图 8.4　北斗应急救援保障体系

员、被救人员、救援车辆之间进行信息的收发。

（3）移动定位搜救功能。北斗用户终端和手持掌上机（PDA）的应用对象是救援人员和被救人员，在地震活动带及易发区域，应每家每户配备北斗用户终端和手持掌上机。手持掌上机的功能可以移植到手机上，两者合二为一，因为手机的体积小，可随时随身携带，从而保障灾害发生后，即使在普通地面通信中断的条件下，只要被救人员身体状况允许，仍旧可以利用北斗卫星进行定位和短信息的收发，为救援人员迅速准确的到达救援地点，提供非常有价值的信息。

（4）实时数据监测功能。应急救援调度平台软件实现对移动节点的移动轨迹和通信信息实时监控，并能与移动目标进行互动通信，为突发事件应急处置的管理与决策提供数据支持。

中心式指挥机、移动式指挥机、北斗终端三者之间可以互联互通，如图 8.5 所示，构建了"应急指挥中心–现场（移动）指挥中心–北斗用户"的三级架构，保障了应急救援工作有效合理的开展、科学的协调与调度。

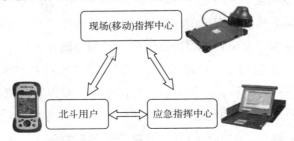

图 8.5　中心式指挥机、移动式指挥机、北斗终端三者之间互联互通

8.2.2　北斗卫星导航系统在海上应急救援中的应用

中国的海域面积十分辽阔，约有 $300 \times 10^4 \mathrm{km}^2$，海岸线总长达 $32000\mathrm{km}$。随着我国经济逐年稳步增长，海上可开发利用的资源得到了重视，越来越多海事人员和技术投入到了海洋事业中，包括海洋工程、渔业、矿产资源的勘探与开发、海上空间资源等。与此同时，海上环境气候极其复杂且变幻莫测，各种海上突发事故频繁发生，对船员的生命和财产造成了不可估量的损失。

应对海上突发事件的发生，相关组织机构必须快速有效的展开搜救工作。基于此类事件，国家于 2006 年初颁布了《国家海上搜救应急预案》，明确了突发事件产生时与邻国的协调合作机制，尽最大可能保障海上人员的生命、财产安全。海上救援，是对海上突发事件中人员和财产的最后的保障，救援机制和装备技术是整个救援行动的关键。由于北斗卫星导航系统具有双向简短通信功能，适合于在较短时间内进行通信。为此，基于北斗卫星导航系统的海上遇险人员急救系统应运而生如图 8.6 所示。采用无线传输模块向北斗卫星发送急救信息和请求定位信息，通过北斗卫星将遇险人员位置信息发送到地面监控中心，地面监控中心接收到急救信息后会产生报警，搜救人员根据位置信息实施救援工作。

图 8.6　基于北斗系统的海上应急搜救系统

在发生遇险情况下，遇险者利用遇险求救终端发出遇险信号至搜救中心，并周期性上报遇险者（船只）的实时位置，指引搜救人员快速定位。搜救中心的指挥人员利用海上应急搜救系统，收集相关信息，合理筹划安排，制订搜救方案，并通过多种手段，指挥海上搜救力量，协调相关资源，达成对海上遇险者的搜寻救助。

1. 搜救指挥中心设计

海上应急搜救指挥中心在日常情况下，辅助搜救中心工作人员日常值班，利用北斗导航系统的船舶动态信息的电子海图显示系统，对海上搜救终端用户实时监控，收集管理海上搜救相关信息和数据。在收到海上遇险信息后，根据遇险情况，制订应急搜救方案和计划，组织协调各相关单位和部门，实施海上应急搜救。实时掌握搜救进展情况，对搜救过程进行指挥，并提供相应的信息、通信等方面的技术支撑。

2. 海上遇险求救终端设计

海上遇险求救终端在日常情况下能够接收海上应急搜救指挥中心发布的航行、天气、警示、通告信息；在发生险情时，可以主动或被动发出求救信号，并持续上报遇险者位置信息，便于搜救人员对其准确发现和定位。海上遇险求救终端有船载搜救终端、个人遇险求救终端等形式。

（1）船载搜救终端设计。船载搜救终端日常可以为船舶进行示位导航，在发生海上险情时，可以通过触按终端上的求救按钮，向指挥中心发送求救和位置信息。船载搜救终端具备北斗二号导航系统无源定位功能，能够实时获取载体当前位置信息，同时设有数据接口实时收集计程仪、测深仪、罗经等航行数据；具备北斗三号短报文通信功能，能够接收来自指挥中心广播或点到点发送的气象、调度、避险、救援等预警和指挥信息，并向指挥中心传输船舶位置、航行数据和其他重要信息，实现与搜救中心和其他船载搜救终端之间的双向通信传输。船载搜救终端内置高性能可充电电池，关闭终端后，北斗模块仍可保证连续工作 30 天以上，并向岸上发送断电警报，搜救指挥中心可持续获取船位信息。

（2）个人求救终端设计。个人求救终端采用北斗 RDSS 四合一导航模块，利用北斗卫星导航系统的定位、授时、短报文通信功能，可以方便地佩带在衣服或救生衣上，实现人员落水后设备自动开机、定位、发送求救信息的功能。并且可以通过短报文通信这项北斗导航系统独有的功能，与搜救方建立联系。北斗卫星导航系统不仅可以让使用者知道自己在哪里，还可以让别人知道其定位。改变目前拉网式搜救的传统方法，实现即时准确定位，大大地缩短搜救时间，提高遇险者的生还率，同时节约人力、物力。另外，个人求助终端具有防水功能，所配电源为高性能锂电池，能够在单攻状态下（每 15min 向卫星发送位置信息）持续工作 90h。双攻状态下（与它台进行短报文通信）持续工作不少于 48h。

8.2.3 北斗卫星导航系统在通用航空应急救援中的应用

通用航空运行除了对通信、监视具有额外要求外，在导航和气象方面基本上是利用国家现有的公共运输航空服务设施设备。通用航空除了利用现有的 VHF 话音通信设备外，应当考虑利用数据通信链路手段解决地空通信，监视主要利用基于卫星导航的 ADS-B 系统。但是，由于 ADS-B 地面站覆盖的局限存在一定盲区，尤其是 1000m 以下的低空覆盖。解决盲区问题，提供全时域、全空域、全地域的连续可靠的通信、导航和监视能力，是目前通用航空对空域保障设备的急迫需求。

由于民航地面无线电导航和监视设备主要覆盖民航航路和机场，难以支持低空飞行通航飞机的导航和监视服务。因此，通航飞机将主要依赖卫星导航完成飞行引导和自动相关监视。而北斗系统兼顾导航和通信能力，所以基于北斗 RDSS 的机载电子设备是对通航 CNS 需求的最大支撑。

我国低空空域基本上被划分成为三种类型：低空管制空域、低空监视空域和低空报告空域。对应于不同的低空空域类型客观上必将存在着不同的低空空域飞行需求和不同的飞行技术保障要求。按照不同的低空空域种类分别提出与之相适应的航空技术保障需求，结合基于北斗 RDSS 服务的相关技术，可从源头之处尽早避免后续保障设施建设工作中的不必要浪费，进而在确保飞行安全的同时有效提高空管的投资效益。通用航空应急通信及救援系统是利用北斗卫星导航系统的导航定位功能和短报文通信功能，实现指挥中心对移动平台的位置、状态监视以及指挥调度功能。通用航空应急通信系统体系结构如图 8.7 所示。

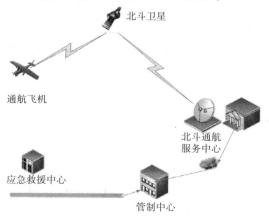

图 8.7　通用航空应急系统体系结构图

通用航空应急通信及救援系统由机载平台和应急救援中心组成。机载平台由北斗用户机、天线和显示控制器组成；应急救援中心由接入设备和监控屏幕组成。通用航空应急通信及救援系统是通航飞机空地通信的重要补充部分，具有以下功能。

1. 位置监视

机载平台使用北斗用户机通过天线周期接收卫星导航信号进行定位解算，并按照规定的报文格式，将自身位置信息通过北斗系统转发后，送给北斗通航服务中心，经网络系统转发至管制中心，经过信息处理后接入应急救援中心，并在监控屏幕上显示机载平台的当前位置。

2. 机载平台选择发送预存的短报文

机载平台的显示控制器内预存几条常用短报文，当需要与指挥中心通信联络时，通过显示控制器选择要发送的短报文；由显示控制器将短报文代码发送给北斗用户机，通过北斗卫星转发至北斗通航服务中心，经过信息处理后接入应急救援中心，并在监控屏幕上显示。

3. 应急救援中心向机载平台发送指挥调度

信息应急救援中心根据指挥调度任务显示需要，可随时编辑短报文发送给北斗用户机，通过北斗系统转发给相应机载平台北斗用户机，用户机接收到指控消息后，送给显示控制器处理和显示，提供给机载平台使用。

4. 应急指挥和数据分析

所有的通航飞机飞行信息，包括位置信息、速度信息、作业空域信息等，都记录在管制中心，在紧急情况发生时，可以为应急救援中心提供飞机的所有可用信息，方便进行指挥和救援，同时利用历史数据可以推算目标的运行轨迹，方便开展救援。同时可以为公共安全救援系统提供应急指挥和救援服务。

8.2.4 北斗卫星导航系统在灭火救援中的应用

随着近年来经济的发展，火灾事件发生频率明显增加，给人们造成财产的损失。有效提高消防作战效率把财产损失降到最低点已成为灭火与应急救援队伍面临的重大课题之一。当消防应急救援队伍开展灭火救援时，需要快速建立通信传输链路，连通各个通信节点和战斗段，消防北斗卫星导航系统在灭火救援通信中需提供地下、超高层等复杂环境下无线延伸覆盖，单兵携行通信模块需具备现场图像传输、北斗卫星导航监控、GPS 对讲及位置共享导航、卫星和短波语音等卫星通信功能。

1. 北斗导航系统在接警出动行动中的应用

（1）警情监测与预报警。通过北斗导航系统的警情监测与预报警功能，可以显著缩短消防应急救援队伍出警时间，从而提高灭火救援能力。警情监测主要分为定点监测和移动监测。定点监测是指消防应急救援单位利用北斗导航系统结合 GIS 系统，对城区重点单位设置监测点，通过声光传感器实时监测重点部位的情况。当有火情发生时系统会发出警报，进而通信指挥中心会在第一时间发现警情。移动监测是指对于面积较大、人员较少的区域，如大型仓库、厂房、森林、石化厂区，可以用北斗导航系统结合无人机或机器人对区域内的环境进行动态监测，以达到快速发现警情的目的。预报警功能主要是指可以在室内火灾报警系统中加入北斗导航系统，第一时间发现火情并报警。

（2）行车途中路况分析与导航。由于消防应急救援的及时性要求相对较高，要求消防应急救援部门出警快速机动，对火场情况准确分析，及时快速扑灭火灾。为实现这一目标，需要有一个可靠的数字地图来规划路线，北斗导航系统即可达到这一目标。北斗导航系统可以为灭火应急救援提供准确的定位导航服务，为消防指挥人员提供火灾位置，设计最佳路线并引导消防车快速到达火灾现场。另外，可以利用北斗导航系统把车辆信息发到指挥中心，为消防路线设计和路况提供数据支撑。北斗导航系统能将系统与定位数据有机地结合起来，使消防员和指挥部充分了解火源的位置和周围易燃易爆化学物品的位置，为救灾应急预案的设计做好准备。在力量调度过程中，通过捕获北斗导航监控系统数据，同步到北斗导航终端，通过接收定位、人工定位和单元定位等方式进行路线规划。将应急救援指挥系统接到北斗卫星导航车载终端，在数字设备构建的数字地图指导下，各种消防设备逐渐在更远端进行灭火救援。当满足某些条件时，车载终端自动报告位置数据。

2. 北斗导航系统在现场组织指挥中的应用

（1）信息的采集、分析与查询。目前，消防救援队在信息采集和分析环节中主要存在以下问题：一是平时对重点单位的信息采集不够细致，发生灾害时，没有信息可用或者信息量较少；二是各个联动单位同时处置灾害时不能做到信息完全共享，严重影响灭火救援指挥的效率；三是由于技术及灾害的复杂性，消防队伍在进行灭火救援信息采集时无法做到面面俱到。这些问题给灭火应急救援的初期到场行动带来了各种困难。在信息的采集、分析和处理过程中，北斗导航系统主要可以实现以下功能：一是实现数据的统一分类整理，基于北斗的大数据库结合物联网技术，集合各类数据。公共设施方面包含水电、交通、电力等社会资源；重点单位方面包含各重点单位的各类数据和重点灾害类型的处置方案；专业数据方面包含涉及危险化学品处置流程、重点危险化学品的处置方法、理化性质等；法律法规方面包含了各类消防法律法规等。二是灾害现场的信息侦察处理。灾害现场数据会因为情况的发展发生变化，通过传统的方法从技术上很难做到实时监控，基于北斗导航系统的数据监测系统能够实时监测灾害现场气象情况、有毒气体浓度和温度等信息。

（2）建立灭火救援指挥系统。在灭火救援现场通常会有很多部门和社会联动单位参与行动，建立一个统一的灭火救援指挥平台非常重要。依托北斗导航系统建立的灭火救援指挥系统，将所有可能参与灭火救援行动的部门和组织编入系统，现场指挥部可以应用该平台实现对多方数据的掌握，进行统一的指挥调度。该系统目标是搭建一个现场核心指挥部，可以实现信息的共享及基础设施的集中统一调度，最大限度地集合社会联动力量，通过灭火救援指挥平台生成救援任务，通过智能匹配算法监控指挥与平台最匹配的救援力量。系统主要分为指挥中心端、现场指挥端和单兵或小单元作战端。指挥中心端主要负责实施掌握灾害层级范围，随时加大调度救援力量以及警情报送，现场指挥端主要负责现场灭火救援指挥行动，单兵或小单元端主要负责请领任务并进行具体任务实施。与传统的传输信息相比，该系统主要有以下优势：一是数据信息大整合，具有较高的全面性；二是救援力量统一编配，统一调度，提高指挥调度效率；三是基于北斗系统的灭火应急救援指挥系统保密性较强；四是北斗系统的稳定性较强，不受各种灾害状况致通信设施损坏的影响。

3. 北斗导航系统在灭火救援行动展开中的应用

（1）人员搜救行动中的定位。北斗系统在人员搜救中的应用已较为成熟，可以分为对搜救者的定位和对被搜救者的定位。对搜救者的定位主要指对人员位置的定位和搜救者身体状况的监测；对被救人员的定位主要是北斗导航系统的有源定位和无源定位，这方面在海上救生中已经应用较广泛；对重要物资的定位主要是北斗系统和物联网技术的结合，可以在装备或车辆上进行搭载，形成特定区域的电子数据地图，应用物联网技术进行数据编码，灾害发生时各个区域的数据情况一目了然。

（2）警情快报和短报文通信。由于灭火救援时间上的紧迫性，特别是在灾害发生初期，各个部门都需要第一时间获取灾害现场的各项信息。然而，受当前的通信设施条件的限制，越是需要尽快传递灾情发展或预警信息的时刻，越是会发生诸如通信设施损坏、人员通信不畅等情况，这给初期的救援带来很大的阻碍。北斗的短报文功能是北斗区别于 GPS 系统的一个特色功能，其可看作是人们常用的短信功能，可在灾害现场基础通信设施损坏或者野外没有通信网覆盖的区域，对外发布最多 140 字的短消息。它既可以发送短信，还可以发送发布者的位置信息，并且可以实现双向通信。利用北斗通信手持终端，可实现现场灾情信息的采集，并利用北斗短报文编码规则将收集到的信息进行编码，再通过北斗卫星支持模块将信息发送到北斗指挥机。该系统中的服务器模块首先提取北斗命令机接收到的代码，然后根据北斗短信编码规则对数据进行解码，还原灾害现场的信息数据，最后根据需要使用相应的公式对灾害信息数据进行分析，生成相应的数据图，同时完成存储任务。例如，根据灾害信息分布数据生成救援力量调度图、灾害强度图等。随着技术的不断发展，未来会实现更加丰富的数据传输，为现场灭火救援工作的开展提供更有利的数据环境。

8.3　北斗定位部分代码配置流程

北斗导航定位方法实现可以结合现有的百度地图进行开发。

（1）在 Manifest 中添加使用权限、Android 版本支持和对应的开发密钥。

① <!--使用网络功能所需权限-->

```
< uses - permission android:name =" android. permission. ACCESS_NETWORK_
STATE" >
< /uses - permission >
< uses - permission android:name =" android. permission. INTERNET" >
< /uses - permission >
< uses - permission android: name =" android. permission. ACCESS _ WIFI _
```

```
STATE">
    </uses-permission>
    <uses-permission android:name="android.permission.CHANGE_WIFI_
STATE">
    </uses-permission>
    <!--SDK离线地图和cache功能需要读写外部存储器-->
    <uses-permission android:name="android.permission.WRITE_EXTERNAL_
STORAGE">
    </uses-permission>
    <uses-permission android:name="android.permission.WRITE_
SETTINGS">
    </uses-permission>
    <!--获取设置信息和详情页直接拨打电话需要以下权限-->
    <uses-permission android:name="android.permission.READ_PHONE_
STATE">
    </uses-permission>
    <uses-permission android:name="android.permission.CALL_PHONE">
    </uses-permission>
    <!--使用定位功能所需权限,demo已集成百度定位SDK,不使用定位功能可去掉以下6
项-->
    <uses-permission android:name="android.permission.ACCESS_FINE_LO-
CATION">
    </uses-permission>
    <permission android:name="android.permission.BAIDU_LOCATION_SERV-
ICE">
    </permission>
    <uses-permission android:name="android.permission.BAIDU_LOCATION_
SERVICE">
    </uses-permission>
    <uses-permission android:name="android.permission.ACCESS_COARSE_
LOCATION">
    </uses-permission>
    <uses-permission android:name="android.permission.ACCESS_MOCK_LO-
```

CATION">

</uses – permission>

<uses – permissionandroid:name ="android. permission. ACCESS_GPS"/>

②配置 Activity。

<activity android:name =". MapDemo"

android:screenOrientation ="sensor"

android:configChanges ="orientation|keyboardHidden">

</activity>

③添加屏幕及版本支持。

<supports – screens android:largeScreens ="true"

android:normalScreens ="true"

android:smallScreens ="true"

android:resizeable ="true"

android:anyDensity ="true"/>

<uses – sdkandroid:minSdkVersion ="7"> </uses – sdk>

（2）添加对应的开发密钥。

<meta – data android:name ="com. baidu. lbsapi. API_KEY" android:value ="

开发密钥">

</meta – data>

（3）在布局 xml 文件中添加地图控件，布局文件保存为 activity_main. xml。

<? xml version ="1. 0" encoding ="utf – 8"? >

< LinearLayoutxmlns: android =" http: //schemas. android. com/apk/res/android"

android: orientation ="vertical"

android: layout_ width ="fill_ parent"

android: layout_ height ="fill_ parent">

<TextViewandroid: layout_ width ="fill_ parent"

android: layout_ height ="wrap_ content"

android: text ="hello world" />

<com. baidu. mapapi. map. MapViewandroid: id ="@ + id/bmapsView"

android: layout_ width ="fill_ parent"

android: layout_ height ="fill_ parent"

android: clickable ="true" />

```
</LinearLayout>
```

（4）创建地图 Activity，并 import 相关类。

```
importandroid.app.Activity;
importandroid.content.res.Configuration;
importandroid.os.Bundle;
importandroid.view.Menu;
importandroid.widget.FrameLayout;
importandroid.widget.Toast;
importcom.baidu.mapapi.BMapManager;
importcom.baidu.mapapi.map.MKMapViewListener;
importcom.baidu.mapapi.map.MapController;
importcom.baidu.mapapi.map.MapPoi;
importcom.baidu.mapapi.map.MapView;
importcom.baidu.platform.comapi.basestruct.GeoPoint;

public class MyMapActivity extends Activity {
    @Override
public void onCreate (Bundle savedInstanceState) {
    }
}
```

（5）初始化地图 Activity、使用 Key。

在 MyMapActivity 中定义成员变量：

```
BMapManagermBMapMan = null;
MapViewmMapView = null;
```

（6）在 onCreate 方法中增加以下代码。

```
super.onCreate (savedInstanceState);
mBMapMan = new BMapManager (getApplication ());
mBMapMan.init (null);
//注意：请在试用 setContentView 前初始化 BMapManager 对象，否则会报错
setContentView (R.layout.activity_ main);
mMapView = (MapView) findViewById (R.id.bmapsView);
mMapView.setBuiltInZoomControls (true);
//设置启用内置的缩放控件
```

MapControllermMapController = mMapView. getController ();

//得到 mMapView 的控制权,可以用它控制和驱动平移和缩放

GeoPoint point = new GeoPoint ((int) (39. 915 * 1E6), (int) (116. 404 *

1E6));

//用给定的经纬度构造一个 GeoPoint, 单位是微度 (度 * 1E6)

mMapController. setCenter (point); //设置地图中心点

mMapController. setZoom (12); //设置地图 zoom 级别

(7) 重写以下方法, 管理 API。

```
@ Override
protected void onDestroy () {
mMapView. destroy ();
if (mBMapMan! = null) {
mBMapMan. destroy ();
mBMapMan = null;
    }
super. onDestroy ();
}
@ Override
protected void onPause () {
mMapView. onPause ();
if (mBMapMan! = null) {
mBMapMan. stop ();
    }
super. onPause ();
}
@ Override
protected void onResume () {
mMapView. onResume ();
if (mBMapMan! = null) {
mBMapMan. start ();
    }
super. onResume ();
}
```

完成以上步骤后，运行程序，即可在应用中展示百度地图的视窗，如图 8.8 所示。

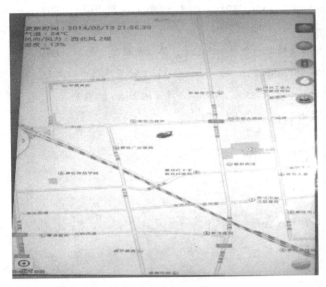

图 8.8　地图视窗

参考文献

［1］唐金元. 北斗卫星导航区域系统发展应用综述 ［J］. 全球定位系统, 2013, 38 (5)：47 – 52.

［2］来春丽, 谢向阳. 北斗卫星导航系统消防应用分析 ［J］. 数字通信世界, 2019 (04)：174, 187.

［3］郑金华. 基于北斗 RDSS 的通用航空应急通讯监视及救援系统设计 ［J］. 现代导航, 2016, 7 (01)：1 – 5.

［4］胡斌. 基于北斗的海上落水自动报警系统研究 ［D］. 上海海洋大学, 2016.

［5］曹荣彪, 刘宏波, 张婷婷, 等. 基于北斗卫星的海上急救系统的设计与研究 ［J］. 通讯世界, 2016 (17), 265 – 266.

［6］柴川页, 赵帆帆, 林立洲, 等. 基于北斗的海上失事飞机救援系统 ［J］. 舰船电子工程, 2018, 38 (06)：37 – 40, 96.

［7］李宁, 张强. 基于北斗系统的海上应急救援系统的研究 ［J］. 中国海事, 2019 (07)：49 – 51.

［8］张利伟. 测量型 GPS/BDS 软件接收机理论与方法研究 ［D］. 战略支援部队信息工程大

学，2018.

［9］谭雨蒙．北斗三代 B2a 频点软件接收机的设计［D］．西安理工大学，2019.

［10］张骥．北斗卫星导航系统现状及测量中的应用［J］．信息通信，2019（08）：215－216.

［11］王鑫．基于 DSP 的北斗/SINS 紧组合导航系统的设计与实现［D］．内蒙古工业大学，2019.

［12］黄晨阳．基于北斗卫星定位的算法研究［D］．大连交通大学，2018.

［13］荆帅．GNSS 空间服务空域性能评估及辅助增强技术研究［D］．上海交通大学，2017.

［14］王琰．北斗导航卫星轨道精度提升关键技术研究［D］．解放军信息工程大学，2017.

［15］宋丹丹．北斗导航定位解算算法的研究与软件实现［D］．西安电子科技大学，2017.

［16］杨坚．基于北斗系统的通用航空机载监控终端的研究与设计［D］．福州大学，2017.

［17］郭智敏．北斗导航系统在地下管线测绘中的应用研究［J］．科技创新导报，2019，16（12）：32，34.

［18］曹冲．北斗/GNSS 应用产业技术发展现状与趋势［C］//卫星导航定位与北斗系统应用2019——北斗服务全球 融合创新应用．中国卫星导航定位协会，2019：6.

［19］王博．北斗技术将与人工智能、5G 通信深度融合，催生新业态［N］．21 世纪经济报道，2019－09－26（004）.

［20］睢洁．基于北斗的户外运动信息服务系统的设计与实现［D］．华东师范大学，2015.

［21］王伟．基于北斗定位通信的卫勤应急指挥救援系统实现［C］//第九届中国卫星导航学术年会论文集——S02 导航与位置服务，2018：5.

［22］郝明，牛瑞卿，张建龙，等．基于北斗卫星的地质灾害应急救援保障体系及其在丹巴地区的应用［J］．桂林理工大学学报，2016，36（03）：471－477.

［23］吴夏艳，马文静，林鸿鹏，等．基于北斗导航的消防指挥调度系统设计［J］．福建电脑，2017，33（04）：31－33.

［24］田向阳，乔文长．北斗导航系统在船舶海上航行中的应用研究［J］．数字技术与应用，2017（08）：54－56.

［25］钟国权．基于电子海图的北斗海上导航系统的研究与实现［D］．深圳大学，2017.

［26］石小亚，王占昌，伍锦程．北斗卫星技术在青海玉树地质灾害详查中的示范应用［J］．地质力学学报，2012，18（03）：277－281，287.

［27］张学华，王捷，范春波，等．基于北斗与移动互联网的应急救援系统设计［J］．消防科学与技术，2017，36（06）：813－816.

［28］郑策，夏登友．北斗导航系统在灭火救援中的应用研究［J］．消防科学与技术，2019，38（06）：844－847.

［29］何新平，杨加斌．基于北斗卫星导航系统的荒漠地区高速公路应急救援体系研究［J］．公路交通科技（应用技术版），2017，13（06）：301－302.

［30］高婷．基于北斗定位的海上落水报警装置设计与研究［D］．上海：上海海洋大学，

2014：1 – 2.

[31] 马建成．基于北斗导航的部队车辆调度管理系统的设计［D］．战略支援部队信息工程大学，2018.

[32] 杨赫．基于"云＋端"的北斗应急搜救系统设计与实现［D］．河北科技大学，2019.

[33] 蔡明兵．基于北斗的无人机跟踪目标定位技术研究［D］．中国科学院长春光学精密机械与物理研究所，2017.

[34] 张楠．应用于机载导航的北斗双模型接收机的设计与实现［D］．中国科学院大学（工程管理与信息技术学院），2016.

[35] 谈皓．基于4G与北斗卫星通信技术的环境辐射监测仪的设计与实现［D］．华南理工大学，2017.

[36] 付文庆．基于北斗定位和4G的空气质量监测系统设计［D］．北方工业大学，2018.

[37] 刘翔．基于北斗定位系统的电子巡更系统设计［D］．深圳大学，2017.

[38] 云泽雨．北斗卫星导航系统在航海保障领域应用发展［J］．数字通信世界，2017（11），21 – 23.